CATALOGO ICONOGRÁFICO

DE LOS

MOLUSCOS GASTERÓPODOS

CONTINENTALES

DEL

PACIFICO DE NICARAGUA

Antonio Mijail Pérez

Miami, 2015

CATALOGO ICONOGRÁFICO

DE LOS

MOLUSCOS GASTERÓPODOS

CONTINENTALES

DEL

PACIFICO DE NICARAGUA

Dr. Antonio Mijail Pérez
Asociación Gaia (www.asociacion-gaia.org)
Managua, Nicaragua
E mails: mijail64@gmail.com / Antonio.mijail.perez@gmail.com
Skype: antonio.mijail.perez

INDICE

INTRODUCCIÓN

Hasta el trabajo de PEREZ (1999), y la posterior publicación de la obra de PEREZ y LOPEZ (2002), el estudio de la fauna de moluscos continentales de Nicaragua había sido abordado de modo indirecto dentro del contexto de amplios estudios regionales como los de FISCHER & CROSSE (1870-1902), MARTENS (1890-1901) y PILSBRY (1919, 1920a, b), revisiones de grupos taxonómicos concretos (TRYON & PILSBRY, 1879-1898; PILSBRY, 1888-1931; SOLEM, 1961), descripciones de nuevas especies (JACOBSON, 1965, 1968) e inventarios de diferentes tipos (TATE, 1870; FLUCK, 1900, 1901, 1905-1906; RICHARDS, 1939). Estos trabajos constituyen aportes de gran importancia sobre el conocimiento de la malacofauna del país, pero resultan incompletos y ya desactualizados.

Según JACOBSON (1965), hasta esa fecha se habían citado para toda Nicaragua 70 especies de gasterópodos continentales, y se habían publicado, referidos ex-clusivamente a este grupo zoológico en el país, los trabajos antes citados. Posteriormente, JACOBSON (1968) publicó un listado que incluye nuevas especies y nuevas citas de gasterópodos continentales para Nicaragua, y llega hasta un total de 74 especies. Concretamente para el área de estudio, los datos previos a la publicación del trabajo de PEREZ (1999) y el de PEREZ y LOPEZ (2002) totalizaban 52 especies.

Respecto a los países vecinos del área geográfica (Panamá, Costa Rica -al sur-, y El Salvador, Honduras y Guatemala -al norte-), hasta los años 80 presentaban una situación similar en términos de conocimiento de malacofauna continental. De acuerdo a nuestros datos, en esta fecha existían cinco (5) artículos sobre este grupo en Panamá (DALL, 1912; PILSBRY, 1910, 1926, 1930; REHDER, 1942), cinco (5) en Costa Rica (PITTIER, 1890; BIOLLEY, 1897; PRESTON, 1903; PILSBRY, 1926; REHDER, 1942), uno (1) en El Salvador (THOMPSON, 1963), cuatro (4) en Honduras (CLAPP, 1914; RICHARDS, 1938; HAAS & SOLEM, 1960; ROBERTSON, 1963) y siete (7) en Guatemala (TRISTRAM, 1861; CROSSE & FISCHER, 1869; HINKLEY, 1920; GOODRICH & SCHALIE, 1837; SCHALIE, 1940; BASCH, 1959; THOMPSON, 1962).

En la década del 2000 se produjeron publicaciones claves para la comprensión de este grupo taxonómico en el país como los trabajos de PEREZ (2002), PEREZ y LOPEZ (2002, 2003), así como PEREZ et al. (2003, 2004, 2005, 2008ª, 2008b), por solo citar los más relevantes.

Este trabajo constituye la sistematización de todas estas publicaciones posteriores a las contribuciones de PEREZ (1999) y PEREZ y LOPEZ (2002), constituyendo la obra más actual y completa sobre la malacofauna verificada para la región del Pacífico de Nicaragua.

LOS MOLUSCOS. GENERALIDADES

Los miembros del filo Mollusca constituyen uno de los más grandes grupos de animales y se les encuentra en el mar, las aguas dulces y la tierra. Se caracterizan por la presencia de un pie muscular, una concha calcárea secretada por el integumento subyacente, llamado manto, y un órgano de alimentación, la radula.

Se supone que los primeros moluscos tuvieron un pie plano reptante, concha dorsal con forma de escudo y cabeza muy poco desarrollada.

Los moluscos constituyen el filo más grande de invertebrados después de los artrópodos. Han sido descritas mas de 100,000 especies vivientes; además se conocen unas 35,000 especies fósiles, ya que este filo tiene una larga historia geológica. El hecho de poseer una concha mineral, que aumenta las posibilidades de conservación, ha permitido disponer de un rico registro de fósiles que se remonta al periodo Cámbrico.

Un examen superficial de las clases de moluscos que viven actualmente parece indicar que se trata de un grupo heterogéneo. Así parece que las almejas, por ejemplo, tienen muy poca semejanza estructural con los calamares; y dentro de los caracoles hay grandes diferencias entre unos grupos y otros. Sin embargo, la organización de la estructura de los moluscos sigue un mismo plan fundamental.

Como carácter primitivo, los moluscos poseen branquias alojadas dentro de una cavidad del manto, formada por el manto y la concha. Dichas branquias están formadas por filamentos aplanados que se proyectan a ambos lados de un eje central (bipectinadas). Cada filamento posee cilios laterales, que crean la corriente de ventilación, y cilios frontales que retiran las partículas extrañas. Es probable que los moluscos ancestrales hayan tenido varios pares de esas branquias localizadas en posición posterior en la cavidad del manto.

La rádula de los moluscos, una tira de dientes quitinosos recurvados que se encuentran sobre una base de cartílago, funciona como un raspador que ayuda a la alimentación, aunque se ha modificado en forma secundaria para adaptarse a otras formas de nutrición en muchos moluscos.

EL MOLUSCO ANCESTRAL HIPOTÉTICO

El molusco ancestral fue un habitante de los océanos precambricos, en aguas someras; era bilateralmente simetrico, quizá de no más de 1 cm de longitud y de forma oval. La superficie ventral era aplanada y muscular, formando de esta manera un pie o suela reptante. La superficie dorsal estaba cubierta por una concha convexa y oval dispuesta a modo de escudo, que protegía los órganos internos subyacentes o la masa visceral.

Las branquias se localizan a cada lado de la cavidad del manto en posición posterior, y son mantenidas en posición por una membrana dorsal y una ventral. Desde el punto de vista funcional, la posición de las branquias divide la cavidad del manto en una cámara superior y otra inferior. El agua penetra por la parte posterior del animal, en la cámara inferior o inhalante, asciende después a través de las branquias hacia la cámara dorsal o exhalante y abandona de nuevo la cavidad por la parte posterior.

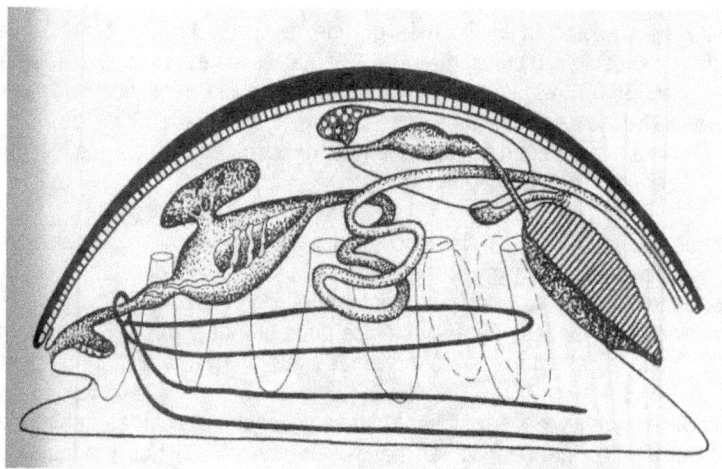

Figura 1.- Molusco ancestral hipotético (Según BARNES, 1977).

El plan básico del sistema nervioso de los moluscos consta de un anillo nervioso en torno al esófago, de cuya parte inferior salen dos pares de cordones nerviosos que se dirigen hacia taras. El par ventral, - los llamados cordones pedales-, inerva los músculos del pie; el dorsal, - los denominados cordones viscerales- se encarga de la inervación del manto y de las vísceras.

De las siete (7) clases de moluscos, los monoplacophoros, quitones y gasterópodos, presentan caracteres que podrían autorizar a considerarlos como mas estrechamente relacionados con los moluscos ancestrales.

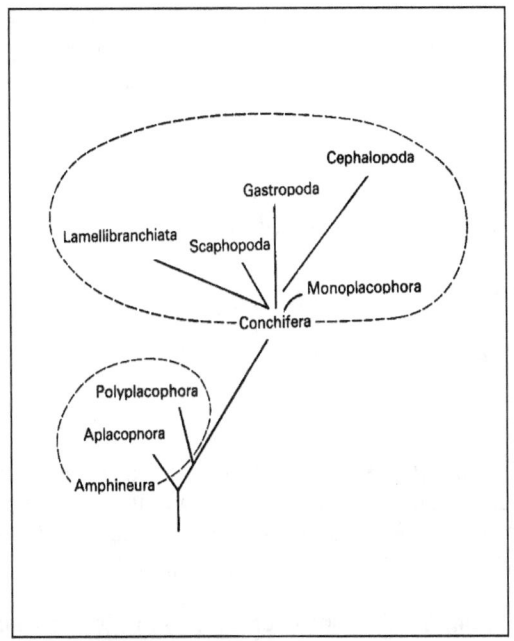

Figura 2.- Filogenia de los moluscos según REMANE *et al.* (1984).

CLASIFICACION DE LOS MOLUSCOS

Clase Monoplacophora.

Caracteres generales:

Según el nombre indica poseen una concha simple y simétrica[1] que varia en cuanto a forma, de una placa aplanada en forma de escudo, a un cono corto. Se parecen a los gastropodos por cuanto poseen un pie plano reptante.

---

[1] Foto tomada de http://www.manandmollusc.net/advanced_introduction/nepolina.html

Unos de los rasgos característicos es la presencia de tres a ocho cicatrices musculares en la superficie inferior de la concha. El ano se encuentra en el surco paleal en la parte posterior del cuerpo. El surco paleal contiene 5 o 6 pares de branquias unipectinadas.

Los sexos están separados.

Habitan los fondos marinos entre los 2,000 y los 7,000 m

Número de especies:

Se han descrito unas once especies.

Clasificación.

SUBCLASE CYCLOMYA: Experimento un aumento en el eje dorsoventral del cuerpo, que condujo a una concha planospiral, y a una reducción de branquias y de musculos retractores. Aunque desapareció del registro fósil en el Devonico, este grupo pudo haber sido ancestral a los gastropodos.

SUBCLASE TERGOMYA: Esta linea convservo su concha aplanada con cinco a ocho musculos retractores. Aunque este grupo desapareció también del registro fósil en el Devonico, sobrevivio en el genero *Neopilina*.

Importancia económica.

No tienen que se conozca.

Clase Aplacophora.

Caracteres generales.

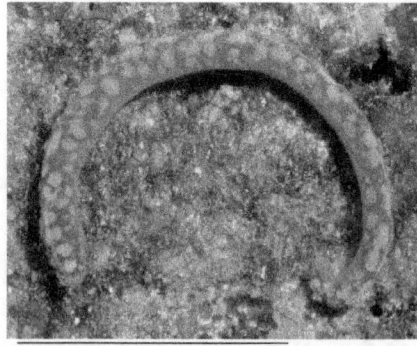

Son un grupo de moluscos vermiformes (en forma de gusano)[2], que también son llamados Solenogastros). Este aspecto se debe al enrollado ventral de los bordes del manto.

Suelen medir menos de 5 cm de longitud. La cabeza esta poco desarrollada y carecen de las características de la concha, el manto y

---

[2] Foto tomada de http://www.whoi.edu/science/B/aplacophora/

el pie típicas de los moluscos. Sin embargo el integumento presenta capas de especulas calcáreas. Presenta una cavidad posterior que representa una cavidad del manto. En algunas especies hay un surco longitudinal medioventral que es probablemente homologo al pie de los moluscos.

Se les encuentra en todos los mares del mundo en profundidades de hasta 9,000 m. Algunos se entierran en fondos lodosos y otros reptan sobre hidroides y corales.

Número de especies.

Comprende unas 250 especies.

Clasificación.

No aparece dada en la bibliografía.

Importancia económica.

Ninguna que se conozca.

Clase Polyplacophora.

Caracteres generales.

Son los llamados quitones o cucarachas de mar. Son animales que se han adaptado para vivir fijos desplazándose muy poco durante su ciclo de vida.

Carecen de ojos y tentáculos cefalicos y su cabeza no está bien definida. El manto que suele llamarse cinturón en
los quitones, es muy grueso y el pie es ancho y plano, para facilitar la fijación al sustrato duro. Presentan una concha externa dividida en ocho placas articuladas[3].

---

[3] Foto tomada de http://museum.wa.gov.au/research/collections/aquatic-zoology/mollusc-malacology-section/class-polyplacophora-chitons

Número de especies.

Existen unas 600 especies de quitones vivientes y 350 fósiles.

Clasificacion.

ORDEN LEPIDOPLEURIDA: Un pequeño grupo de quitones en los que hay un número relativamente pequeño de branquias posteriores, y en los que las placas de la concha carecen de ciertas áreas especializadas, a las que se denomina placas de inserción. Ej: *Lepidopleurus*.

ORDEN CHITONIDA: Branquias abundantes en general y las placas de la concha presentan placas dentadas de inserción, que funcionan fijando las placas al manto. Ejs: *Chaetopleura, Tonicella, Chiton*.

Importancia económica.

Son comestibles. Se suele usar el pie para la confección de paellas. También, constituyen el alimento básico de muchas aves y otros invertebrados.

Clase Bivalvia.

Caracteres generales.

Poseen una concha de dos valvas que se encuentran articuladas por medio de una charnela, y encierran el cuerpo por completo[4].

El pie como el resto del cuerpo esta también comprimido. La cabeza es muy pequeña.

Número de especies.

Existen unas 20,000 especies descritas.

Importancia económica.

Numerosas especies de esta clase son comestibles. En Nicaragua, las especies del género *Anadara* (Concha Negra) se venden en numerosos bares y

---

[4] Foto de Lorena Campo.

restaurantes. Dentro de los aspectos negativos, es que algunas especies que son perforadoras pueden provocar el hundimiento de barcos de madera, puentes, y otras construcciones de madera que se encuentren sumergidas en el mar. Son también importantes formadores de suelos en los fondos marinos.

Clasificación.

SUBCLASE PALAEOTAXODONTA (Antigua PROTOBRANBRANCHIA, en parte): Valvas iguales y taxodontas (una hilera de dientes cortos a lo largo del margen de la charnela; concha de estructura nacarada o lamelar cruzada). Isomiarios, branquias protobranquiales.

Orden Nuculoida: Ejs: Yoldia, Malletia.

SUBCLASE CRYPTODONTA (Antigua PROTOBRANCHIA, en parte): Valvas delgadas, iguales, algo alargadas y sin dientes en la charnela. Branquias protobranquiales.

Orden Solemyoida: Ej: *Solemya*.

SUBCLASE PTERIOMORPHIA: Bivalvos epibentonicos; la mayoría fijos con un biso o cementados al sustrato, pero algunos libres en forma secundaria. márgenes del manto no fusionados.

Orden Arcoida: Ejs: *Anadara, Arca*.

Orden Mytiloida: Ejs: *Mytilus, Crassostrea*.

SUBCLASE PALAEOHETERODONTA: Equivalvos, con unos cuantos dientes en la charnela, en la que los largos dientes laterales, cuando se presentan, no están separados de los largos dientes cardinales.

Orden Unionoida: Ej: *Anodonta*.

Orden Trigonioida: Ej: *Trigonia*.

SUBCLASE HETERODONTA: Equivalvos, con unos cuantos dientes cardinales grandes separados por un espacio desdentado de los dientes laterales alargados. Concha sin capa nacarada. Suelen presentar sifones; branquias eulamilibranquiales.

Orden Veneroida: Ejs: *Tellina, Chione, Codakia*.

Orden Myoida: Ejs: *Martesia, Teredo*.

SUBCLASE ANOMALODESMATA: Equivalvos, con un solo diente en la charnela o ninguno del todo. Margen de la charnela engrosado o enrollado. Isomiarios. Márgenes del manto fusionados. Incluye los miembros de la antigua

SUBCLASE SEPTIBRANCHIA.

Orden Pholadomyoida: Ejs: *Poromya, Cuspidaria.*

Clase Scaphopoda.

Caracteres generales.

Se les conoce como comillos de elefante, debido a la forma de la concha que es en esencia un tubo cilíndrico alargado. Ambos lados del tubo están abiertos y el tubo en su totalidad es ligeramente curvo. La abertura de mayor diámetro constituye el extremo anterior.

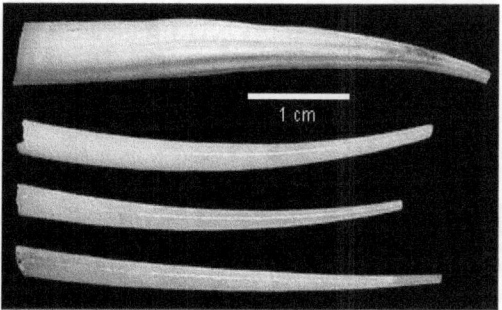

Usualmente miden entre 3 y 6 cm, aunque hay conchas desde 4 mm hasta 30 cm de largo[5]. Por la adaptación a la vida excavatoria, la cabeza quedo reducida a una corta prolongación cónica o probóscide, en la que se encuentra la boca. A ambos lados de la cabeza se presentan dos lóbulos portadores de gran número de captaculos llamados tentáculos.

En este grupo no hay branquias, el intercambio de gases se produce a través de la superficie del cuerpo.

Son animales diocos con fecundación externa y aparentemente están mas relacionados con los bivalvos.

Número de especies.

Unas 350 especies.

---
[5] Foto tomada de http://www.ucmp.berkeley.edu/taxa/inverts/mollusca/scaphopoda.php

Clasificación.

No aparece en la bibliografía.

Importancia económica.

Como otros moluscos son importantes formadores de suelos en los fondos marinos.

Clase Cephalopoda.

Caracteres generales.

Son los moluscos más especializados y de organización mas avanzada. El nombre se debe a que la cabeza se proyecta dentro de un circulo o corona de grandes brazos o tentáculos prensiles homólogos a la parte anterior del pie en otros moluscos.

La mayoría mide entre 6 y 70 cm de longitud, incluyendo los tentáculos, aunque en algunas especies se presenta el fenómeno del gigantismo.

Nadan mediante un chorro de agua producido por la cavidad del manto y que sale por el atrio. Como otras características esta la presencia de ojos y sistema nervioso muy avanzado, glándula de tinta y sistema circulatorio cerrado.

Número de especies.

Unas 650 especies vivientes y 7,500 especies fósiles.

Clasificación.

SUBCLASE NAUTILOIDEA: Poseen conchas externas, enrolladas o rectas; suturas no complejas. En algunas formas se encuentran tentáculos delgados, sin ventosas. Presentan dos pares de branquias y dos nefridios. Es una clase fósil excepto por el genero *Nautilos*.

SUBCLASE AMMONOIDEA: Formas fósiles. Conchas externas enrolladas y con tabiques.

SUBCLASE COLEOIDEA[6]: Conchas internas o ausentes. Unos cuantos tentáculos provistos de ventosas; presentan un par de branquias y un par de nefridios.

Orden Belemnoidea: Fósil. Concha interna dividida en cámaras.

Orden Sepioidea: Jibias y Sepias. Ocho brazos y dos tentáculos. Concha tabicada o muy reducida o ausente.

Orden Teuthoidea: Calamares. Concha o pluma en forma de lamina alargada y plana. Cuerpo alargado con ocho brazos y dos largos tentáculos.

Orden Octopoda: Pulpos. Ocho brazos y el cuerpo globulosa y sin aletas.

Importancia económica.

Muchas especies de esta clase son comestibles y se encuentran en los supermercados nacionales; son los llamados pulpos, calamares y jibias. Las conchas de los individuos del género *Nautilus*, se venden en las tiendas de artesanías a precios muy elevados debido a su notable belleza y a su escasez en condiciones naturales, lo mismo la falsa concha formada por los individuos del género *Argonauta*.

Clase Gastropoda.

Caracteres generales.

Los gasterópodos se pueden definir como moluscos asimétricos en su fase adulta (al comienzo de la vida larvaria tienen simetría bilateral). Básicamente constituidos por las tres regiones típicas: La **cabeza**, normalmente bien

---

[6] Foto tomada de: http://nautilidae.livejournal.com/

desarrollada, el **pie**, que es el órgano locomotor, y la **masa visceral**, que contiene la mayoría de los sistemas de órganos y suele estar protegida por la concha.

La cabeza y el pie también se pueden retraer en la concha, por la contracción del musculo columelar, realizándose su protrusión fundamentalmente por la presión sanguínea.

Se originaron presumiblemente en el Cámbrico, a partir de antecesores monoplacoforos, antes de la diferenciación de sus más próximos parientes, los cefalópodos.

Han colonizado casi todos los hábitats marinos, de agua dulce y terrestres (con excepción de las zonas polares). Tienen por tanto, una inmensa variabilidad estructural y ecológica.

Su principal característica diferenciadora es la **torsión.**

La **concha**, es uno de los caracteres mas usados en la identificación y puede presentar variaciones tremendas incluso entre grupos relacionados.

Número de especies.

Se conocen alrededor de 55,000 especies vivientes y 15,000 fosiles.

Clasificacion.

Los sistemas clasificatorios en moluscos gasterópodos han estado en constante cambio en los últimos años, debido a los estudios realizados recientemente por especialistas de gran renombre internacional. No obstante, el sistema clasificatorio que se presentara en clase es el mas conocido y ampliamente aceptado en la bibliografía especializada.

SUBCLASE PROSOBRANCHIATA: Como resultado de la torsión se presentan las branquias en posición delantera y ubicadas por encima de la cabeza. Presentan una estructura llamada **opérculo** con función de hermetización y por consiguiente, protección de la concha.

Todos presentan concha. Mayormente marinos, aunque también existen grupos terrestres y de agua dulce.

SUBCLASE PULMONATA: Se originan a partir de prosobranquios que pierden sus branquias. En estos se desarrolla un saco pulmonar con el epitelio muy vascularizado, lo cual permite el intercambio de gases.   No   presentan opérculo. Mayormente terrestres, aunque hay grupos de agua dulce y unas pocas especies marinas.

Orden Basommatophora: Un par de tentáculos. Ojos en la base de los mismos.

Orden Systellommatophora: Dos pares de tentáculos. Ojos en la punta de los mismos. Los tentaculos se contraen como el fuelle de un acordeón. Ej. Todas las babosas.

Orden Stylommatophora: Los tentáculos de retraen como los dedos de un guante. Ej.: Los presentados en clase.

SUBCLASE OPISTOBRANCHIATA: Se produce una detorsión parcial y total en algunos casos, de modo que las branquias se disponen hacia un lado o hacia detrás de la cabeza. Casi todos son marinos. Hay una fuerte tendencia a la reducción y pérdida de la concha. La mayoría no tiene opérculo.

Importancia económica.

Aspectos positivos

- Son comestibles.
- Constituyen la materia prima para diferentes reacciones en la industria del vino.
- Son formadores de suelo.
- Algunos grupos aportan cantidades notables de nitrógeno al suelo.
- Son ampliamente utilizados en la artesanía.

Aspectos negativos

- Son hospederos intermediarios de especies transmisoras de enfermedades dañinas directa e indirectamente a los seres humanos.
- Algunas especies constituyen plagas de la agricultura.

MATERIAL Y MÉTODOS

Procedencia de los datos.

Los datos que se presentan en el presente artículo han sido tomados mayormente del trabajo de PÉREZ (1999); el mismo está basado en la reunión, comparación y síntesis de datos procedentes de dos fuentes. En primer lugar, los obtenidos tras la revisión de las fuentes bibliográficas que aportan información referente a las especies terrestres y de agua dulce presentes en Nicaragua y en América Central. En segundo lugar, los datos resultantes del estudio de material obtenido tras la realización de cuatro campañas de muestreo.

La metodología seguida para el desarrollo de la parte taxonómica y biogeográfica del trabajo puede ser dividida en los siguientes apartados, que se corresponden con la metodología habitual en estudios sobre moluscos terrestres (PRIETO, 1986; ALTONAGA, 1988; GÓMEZ, 1988; PUENTE, 1994; ALTONAGA *et al.* 1994; ARRÉBOLA, 1995; ONDINA, 1995; MARTÍNEZ-ORTÍ, 1999):

1) Recopilación y revisión crítica de datos bibliográficos.

2) Recogida y estudio de material biológico.

Recopilación y revisión crítica de los datos bibliográficos: Se ha realizado una revisión y recopilación crítica de los datos bibliográficos referentes al área de estudio, es decir, a Nicaragua, aunque se han consignado también los correspondientes a América Central.

Recogida y estudio del material biológico: Se efectuaron 4 campañas de muestreo (Diciembre de 1994-Marzo de 1995, Agosto-Septiembre de 1996, Septiembre-Diciembre de 1997, Julio-Octubre de 1998). Los muestreos se estructuraron en salidas de un día, efectuándose recogidas en varios puntos por día, y eligiéndose como mínimo un lugar de recogida de muestras por cuadrícula de 10 km de lado, y como máximo tres. La cantidad de puntos muestreados por cuadrícula estuvo determinada por la riqueza de especies encontrada en cada punto; en caso de obtener menos de tres especies por punto, se realizaba otro muestreo dentro de misma cuadrícula.

Con vistas a la posterior comparación de la diversidad entre localidades muestreadas, en cada punto estuvieron entre tres y cuatro recolectores durante un tiempo de una hora; aunque en dos de las campañas participaron en total cinco (4a) y seis recolectores (3a). En cada punto muestreado se cumplimentaba una ficha de campo propuesta por MARQUET (1985), pero simplificada y modificada para adaptarla a la vegetación de Nicaragua, de acuerdo a los criterios de SALAS (1993). En total fueron visitadas 281 localidades.

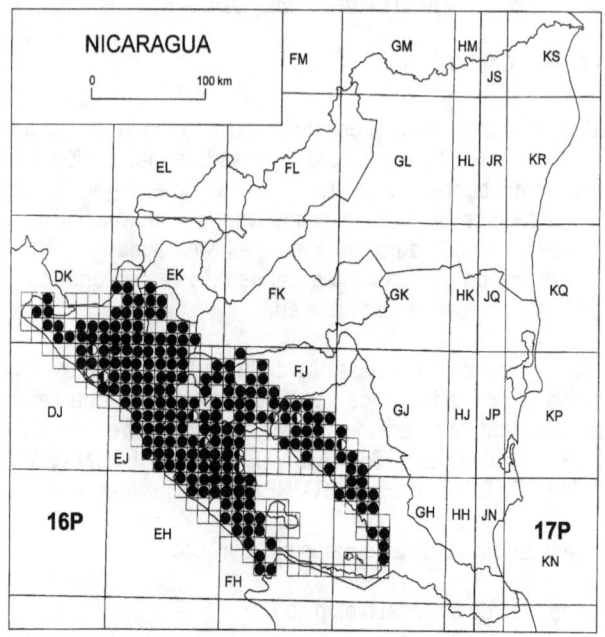

Figura 3.- Mapa de Nicaragua, en notación UTM de 100 km de lado, con el código de cuadrículas. El área de estudio se presenta en reticulado de 10 km de lado, y los círculos corresponden a las cuadrículas muestreadas.

En la figura se han representado en notación UTM de 10 km de lado todas las cuadrículas muestreadas, que hacen un total de 221. Los círculos llenos señalan cuadrículas con datos propios; los círculos semillenos denotan cuadrículas con datos tanto bibliográficos como propios.

Para la descripción de los individuos hemos desarrollado un "Morfoprotocolo" que se detalla al final, en el que he sintetizado y homogeneizado las terminologías para la designación de estructuras de la concha propuestas por BURCH (1962, 1989), MALEK (1962), y BOSS (1982), entre otros. Para la dentición de la abertura de los pupílidos hemos seguido el criterio de PILSBRY (1916-1918, 1948).
Se han utilizado las siguientes abreviaturas:
B.C.A.: Biologia Centrali Americana.
Carr.: Carretera.
e: escala.
p./ pp.: página/ s.
s.l.p.c.: sin localidad precisa consignada.
RAAN: Región Autónoma del Atlántico Norte.
RAAS: Región Autónoma del Atlántico Sur.

UCA: Universidad Centroamericana.

Presentación de los resultados.

Los resultados obtenidos se han ordenado en los siguientes apartados:

Localidad tipo: Se cita, cuando existe o se dispone de ella, la localidad de que ha sido descrito el material tipo de la especie.

Extensión geográfica: En este apartado hemos consignado los datos referidos a su distribución general.

Descripción: Incluye la descripción de la morfología de la concha de la especie, así como, en caso de existir, de su aparato genital u otro aspecto anatómico de importancia taxonómica, como la mandíbula, rádula o el complejo palial.

Iconografía: En este apartado aparece una relación cronológica de los trabajos bibliográficos en los que se aporta información referente a la morfología de la especie. Se han utilizado las abreviaturas **C, PC, G, A, M, R, CP, SD y SN** para señalar que la descripción o iconografía se refiere a la concha, protoconcha, genital, animal, mandíbula, rádula, complejo palial, sistema digestivo y sistema nervioso.

Todos los dibujos presentados han sido elaborados por el autor a menos que se especifique lo contrario.

Las especies de microgasterópodos se han fotografiado con microscopio electrónico de barrido. Las micrografías se han realizado en su totalidad en el Museo de Historia de Natural de Los Angeles, California, USA. Para ello, han sido previamente secadas y metalizadas en oro según el protocolo habitual. En el caso de las especies de mayor tamaño se fotografiaron con una cámara Nikon F50D y lente macro. La mayoría de las especies de macrogasterópodos fueron realizadas por Imanol Gaztambide, y algunas por el autor. Todas ellas proceden de la tesis doctoral del autor (PÉREZ, 1999). La foto de *Drymaeus translucens* rampante es cortesía de José Manuel Zolotoff y la Fundación Cocibolca.

Las fotos de paisajes han sido tomadas por el autor o por el equipo del Proyecto Silvopastorial de Asociación Gaia. Algunas de las fotos presentadas como ejemplo de cada Clase dentro de los moluscos, en el apartado "Clasificación de los Moluscos", fueron tomadas de la web. Los mapas que se presentan fueron elaborados por Lorena Campo o por el autor.

Hábitat: En este apartado se sintetizan los datos de muestreo reunidos en las fichas de campo.

Referencias: Se refiere a aportes bibliográficos importantes sobre la especie, como p. ej, revisiones, estudios zoogeográficos, etc. Y, que además de su valor intrínseco, pueden resultar de interés para la discusión de la especie.

Comentarios: En este apartado se señala (y discute en su caso) todo tipo de cuestiones concernientes a los aspectos previamente estudiados de cada especie.

Para cada especie se presenta su mapa de distribución, así como figuras de concha e ilustración de la anatomía interna en los casos en que ésto ha sido posible. Además, el catálogo iconográfico final recoge fotografías de una buena parte de las conchas de las especies consideradas.

Ordenamiento taxonómico.

Para el ordenamiento taxonómico de las especies y dada la controvertida situación de las categorías superiores, hemos seguido la propuesta de ALONSO & IBANEZ (1993) para las categorías suprafamiliares. Para el ordenamiento de las categorías de familia y género hemos seguido principalmente a BOSS (1982), así como obras particulares antes citadas para cada caso.

Área de estudio.

La zona del Pacífico tiene un área de 38,700 km^2 y se encuentra ubicada en la zona UTM 16 P. Limita al norte con Honduras, al sur con Costa Rica, al oeste con el océano Pacífico y al este con las regiones naturales Centro-Norte y Atlántica. Desde el punto de vista geomorfológico regional, puede ser dividida en tres provincias (INCER, 1973; FENZL, 1989; OVIEDO, 1993): a- Planicie Costera del Pacífico, b- Cordillera Volcánica del Pacífico, y c- Depresión Nicaragüense. Las precipitaciones oscilan entre 700 y 1,900 mm^3, la humedad relativa varía entre 69 y 80 % y la temperatura oscila entre 24 y 27° C. Otros detalles se brindan a continuación.

ÁREA DE ESTUDIO

Localización.

Nicaragua, con una superficie total aproximada de 130,373.40 km^2, es la República de mayor extensión en América Central. Está situada entre las coordenadas geográficas 10°45' y 15°05´ de latitud norte y 83°15´ y 87°40´ de longitud oeste: limita al norte con Honduras, al este con el Océano Atlántico (Mar Caribe), al sur con Costa Rica y al oeste con el Océano Pacífico (Mapa 4). La superficie terrestre es de 118,358 km^2, dividida en tres zonas geográficas principales:

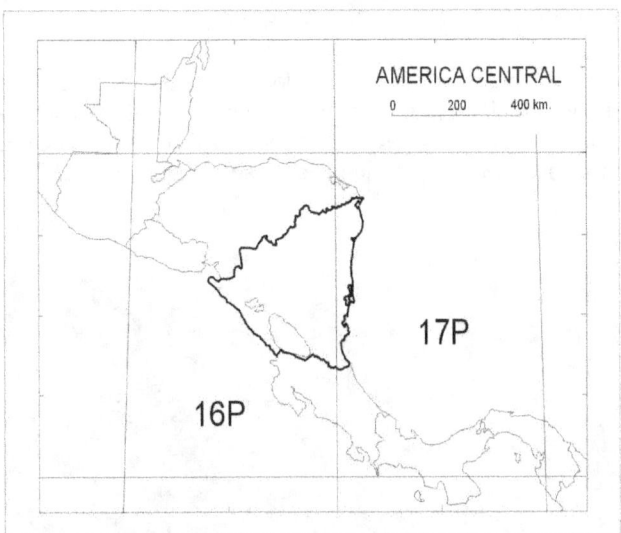

Figura 4.- Nicaragua en América Central, en notación UTM de 1,000 km^2.

La superficie terrestre es de 121,133.47 km^2, dividida en tres zonas geográficas principales.

1. La zona del Pacífico.

2. El triangulo montañoso de las tierras altas del interior o región central-norte.

3. La planicie costera del Atlántico, que consiste en una ancha faja de planicies onduladas que bordean la costa Atlántica.

29

Además, Nicaragua tiene dos lagos excepcionalmente grandes: el lago de Managua (1,040 km^2) y el lago de Nicaragua (8,200 km^2), que constituyen el 7.6 % del territorio nacional.

Dentro de este contexto, la región del Pacífico tiene un área aproximada de 38,700 km^2, pero descontando el área ocupada por los lagos queda ca. 29,460 km^2 y 316 cuadrículas UTM de 10 x 10 km, de las cuales 239 son cuadrículas completas y 77 cuadrículas fragmentadas. Por tanto, se dispuso de 316 cuadrículas muestrables, muestreándose finalmente en 221. En algunas de las cuadrículas enteras no se muestreó debido a la inexistencia de caminos, a que los ecosistemas que se presentan son estuarios o la existencia de minas antipersonales que aun quedan desde la última guerra en que estuvo sumido el país.

Con todo, se debe mencionar que existen diferencias entre los especialistas respecto a los límites de la región del Pacífico en su zona este. En nuestro caso, hemos seguido, por razones prácticas, los criterios de INCER (1973) y de OVIEDO (1993), aunque para la descripción de las sub-regiones se ha seguido a FENZL (1989).

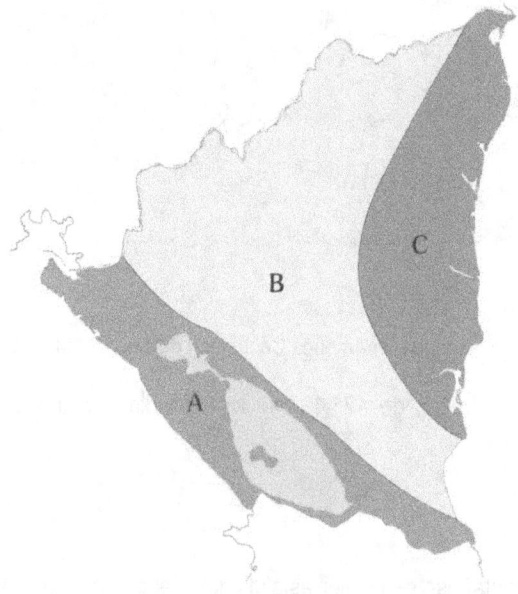

Figura 5.- El Pacífico de Nicaragua según FENZL (1989) (A); B: Región Centro Norte, C: Región Atlántica.

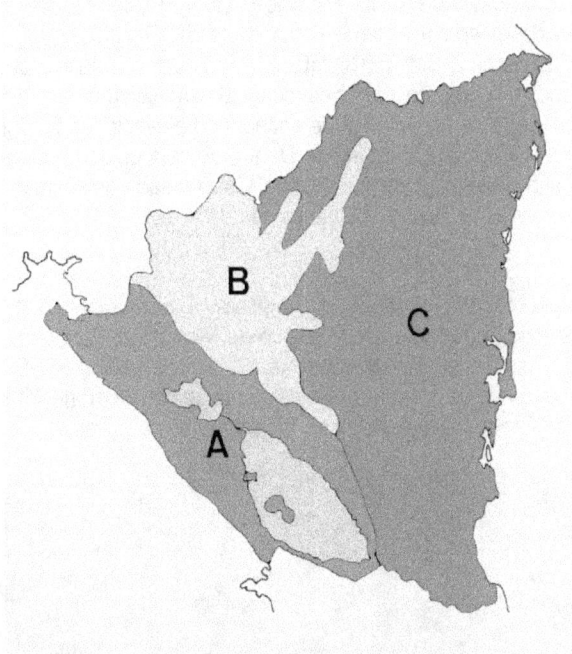

Figura 6.- El Pacífico de Nicaragua según OVIEDO (1993) e INCER (1973) (A); B: Región Centro Norte, C: Región Atlántica.

Morfología y Relieve.

Desde el punto de vista geomorfológico regional, Nicaragua puede ser dividida en cinco provincias (FENZL, 1989):

a- Planicie Costera del Pacífico.
b- Cordillera Volcánica del Pacífico
c- Depresión Nicaragüense.
d- Tierras Altas del Interior (también denominada Región Montañosa del Interior, o Provincia Central de las Cordilleras).
e- Planicie o Llanura Costera del Atlántico (Provincia Costera del Caribe).

De estas cinco provincias geo-morfológicas, las tres primeras conforman la región del Pacífico nicaragüense, objeto de nuestro estudio.

Planicie Costera del Pacífico: La Planicie o Llanura Costera del Pacífico es una franja estrecha delimitada a lo largo de la costa del Pacífico, que se extiende en dirección NO-SE desde el volcán Cosigüina, en el norte, hasta el istmo de Rivas en el sur. En general, presenta planicies con colinas aisladas en la parte norte y serranías al sur, tiene de 10 a 35 km de ancho, con elevaciones topográficas entre 0 y 20 m en el norte y 0 a 500 m en el sur. Dentro de esta unidad pueden reconocerse las siguientes sub-provincias: colinas Buena Vista, mesas del Tamarindo, serranías del Pacífico, serranías de Brito y estribaciones de Orosí.

Cordillera Volcánica del Pacífico: La Cordillera Volcánica del Pacífico es el rasgo geomorfológico más importante del occidente de Nicaragua. Está constituida por una cadena de volcanes del cuaternario al reciente, de orientación NO-SE, con 300 km de longitud. Se extiende desde el volcán Cosigüina (al norte) hasta el volcán Maderas (Isla de Ometepe) en el lago de Nicaragua (en el sureste).

Figura 7.- Volcán Maderas, Isla de Ometepe.

Los volcanes están formados por conos compuestos, pero aisladamente se observan conos de escoria, cráteres de colapso y calderas. La parte de la caldera comprendida entre el volcán San Cristóbal y el Momotombo se denomina cordillera de Los Maribios, con una elevación máxima (volcán San Cristóbal) de 1,745 m. Entre la escarpa de Mateare y el volcán Maderas, la cadena se llama cordillera del Pacífico y la mayor elevación se ubica en la meseta de Carazo, con 934 m.

Actualmente, los volcanes San Cristóbal (1,745 m), Telica (1,060 m), Cerro Negro (675 m), El Hoyo (1,050 m), Momotombo (1,280 m), Santiago (400) y Concepción

(1,610 m) presentan actividad fumarólica. El Cerro Negro y el Telica registran ocasionalmente erupciones de ceniza.

La Depresión Nicaragüense: La Depresión Nicaragüense es un valle de relieve suave y de 30 a 45 km de ancho, que se extiende desde el SE (frontera con Costa Rica) hasta el Golfo de Fonseca (en el NO). Al este se encuentra limitada por la región Central (Tierras Altas del Interior) y en el sur y suroeste llega al pie de la cadena volcánica. Tiene una estructura de fosa tectónica, parcialmente cubierta por depósitos aluviales y escoria volcánica.

Figura 8.- Zona costera del Departamento de Rivas.

Dentro del valle, cerca del golfo de Fonseca, la elevación del terreno es de unos pocos metros, aumentando suavemente hasta alcanzar aproximadamente 100 m en Malpaisillo. Algunos bloques de fallas constituidos por rocas volcánicas terciarias, localizados dentro de la depresión, alcanzan alturas de hasta 541 m. Las zonas topográficamente más bajas de la depresión están ocupadas por el golfo de Fonseca, el lago de Managua (1,040 km^2 y 38 m de profundidad) y el lago de Nicaragua (8,200 km^2 con una profundidad de 31 m).

Esta unidad está constituida por las siguientes sub-provincias geomorfológicas: Llanos Nagrandanos, Llanos del Noroeste, Llanos de Rivas, Llanos de Tipitapa, Llanos de Mayales y Llanos de San Carlos.

Variables del Clima.

Precipitaciones: Desde un punto de vista pluviométrico, el país puede ser dividido en dos zonas principales, siendo la isoyeta 2,000 mm la línea de transición. En la zona climática del Pacífico está comprendida el área de estudio; la misma está clasificada como clima tropical de sabana, con una precipitación media de 1,420 mm y una diferencia estricta entre estación seca y lluviosa. El 90 % de las precipitaciones se registran entre Mayo y Octubre con una pequeña interrupción entre Julio y Agosto llamada "canícula".

De manera general, en Nicaragua los meses más lluviosos son Julio, Septiembre y Octubre y el volumen total caído durante un año se estima en 270 x 10^9 m^3, de los cuales 13 x 10^9 m^3 (7 %) caen en la vertiente del Pacífico y 259 x 10^9 m^3 (93 %) en la vertiente del Atlántico.

En el siguiente cuadro se presentan los registros de las estaciones representativas del área de estudio, donde se puede observar claramente la distribución anual de la pluviosidad. Las abreviaturas no explicadas anteriormente significan: ES; Estación, S; Augusto César Sandino, JU; Juigalpa, CO; Condega, AN; Annual.

ES	E	F	M	A	MY	JU	JL	AG	SE	OC	NO	DI	AN
CH	0	0	9	21	241	289	201	279	415	323	69	14	1861
S	6	0	1	5	135	168	130	160	218	187	64	11	1085
RI	10	5	6	14	154	243	156	206	340	341	108	34	1517
JU	10	3	6	16	121	191	118	159	247	215	83	17	1187
CO	8	2	6	11	112	104	75	83	141	129	29	12	712

Temperatura: Los valores máximos absolutos se han registrado en las zonas bajas de la región del Pacífico y llanos del Atlántico, con temperaturas entre 35 y 40° C, y por otra parte, las temperaturas mínimas en las Tierras Altas del Interior (Jinotega y Matagalpa), con valores de 14 y 17° C. Los datos para el Pacífico se presentan a continuación.

ES	E	F	M	A	MY	JU	JL	AG	SE	OC	NO	DI	AN
CH	26.3	27.1	30.6	28.8	27.7	26.7	27.0	26.9	26.1	26.0	26.0	25.9	27.1
S	25.4	26.3	27.7	28.6	28.2	26.5	26.4	26.2	26.1	25.9	25.9	25.2	26.5
RI	25.3	25.7	26.9	27.5	27.5	26.4	26.4	26.2	26.1	26.1	26.0	25.1	26.3
JU	25.4	25.8	27.2	27.9	27.6	26.1	26.1	26.0	25.7	25.6	25.9	25.5	26.2
CO	22.3	23.1	22.9	26.2	26.5	24.8	24.3	24.6	24.8	24.6	23.5	22.6	24.3

Humedad Relativa: La zona climática del Pacífico, con sus estaciones secas y lluviosas bien definidas, presenta una gran variación de humedad anual, dándose los valores mínimos en la época seca y en los meses más cálidos (Febrero, Marzo y

Abril). En cambio, en la zona de clima Atlántico los valores de humedad relativa presentan poca variación anual. Así por ejemplo, en Chinandega los valores mínimos son 67-69 % en Febrero, Marzo y Abril, donde se registran temperaturas de 27-30° C; los valores máximos de humedad se dan en Septiembre y Octubre (89 %), cuando se registran las mayores precipitaciones y temperaturas relativamente bajas (26° C). Comparativamente en Bluefields, en la Costa Atlántica, la humedad relativa varía de 83 % en Abril a 90 % en Agosto.

ES	E	F	M	A	MY	JU	JL	AG	SE	OC	NO	DI	AN
CH	70	67	69	69	82	85	80	84	89	89	84	77	79
S	70	66	65	64	73	83	80	81	83	84	80	75	75
RI	79	76	74	72	78	84	87	83	84	85	87	70	80
JU	74	72	72	73	78	83	83	83	83	82	78	75	78
CO	69	63	59	55	65	75	74	72	76	76	73	69	69

Evaporación: En base a los datos disponibles, se notan valores de mayor evaporación en la estación seca y valores bajos en la estación lluviosa, coincidiendo dichos picos con los meses más cálidos y frescos respectivamente, como cabría esperar.

ES	E	F	M	A	MY	JU	JL	AG	SE	OC	NO	DI	AN
CH	165	191	226	220	145	117	138	125	109	109	115	139	1779
S	208	230	277	275	231	161	174	170	158	147	155	173	2359
RI	188	192	242	250	198	145	142	139	126	128	129	159	2038
JU	238	207	281	266	194	123	169	148	149	136	178	189	2278
CO	171	193	257	251	215	147	154	146	140	140	137	149	2100

Régimen de vientos: En Nicaragua predominan los vientos de dirección EN, E y N, con velocidades que varían entre 2.2 y 5.6 m/s; vientos de menor frecuencia con dirección SE y velocidades entre 2.0 y 3.2 m/s se registran en Matagalpa, San Carlos, Granada y Managua. En la zona nor-occidental del país, Corinto-Chinandega, existe un régimen de vientos equilibrado con velocidades bajas (2.7-1.8 m/s) y en todas las direcciones geográficas.

Vegetación.

SALAS (1993) ha dividido Nicaragua en cuatro regiones ecológicas, de las cuales la denominada Región Ecológica I, coincide casi exactamente con la zona de estudio del presente trabajo. La vegetación de la Región Ecológica I reúne una gran diversidad de especies y de asociaciones vegetales. Según este autor, hace unos 200 años la vegetación de Nicaragua estaba poco intervenida y, la Región Ecológica I estaba cubierta por las formaciones vegetales que se indican a continuación.

Figura 9.- Pasturas bajo árboles.

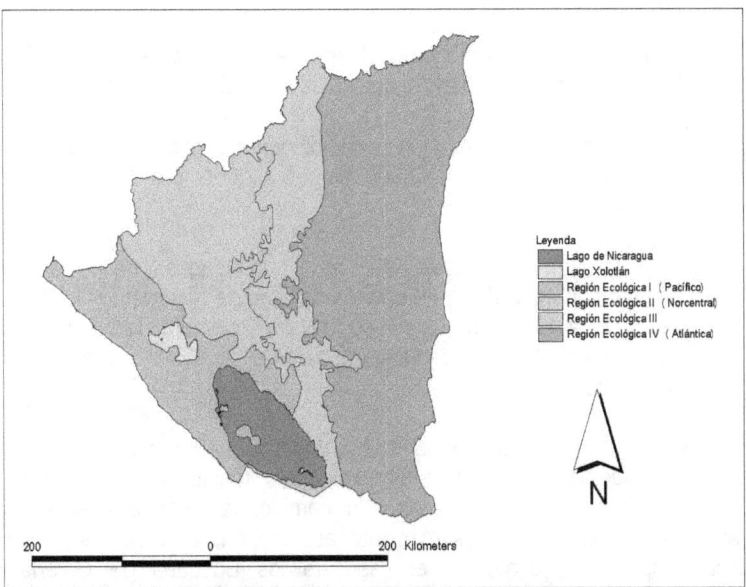

Figura 10.- Regiones ecológicas de Nicaragua, según SALAS (1993). I: Región Ecológica I (Sector del Pacífico); II: Región Ecológica II (Sector Norcentral); III: Región Ecológica III (Sector Central); IV: Región Ecológica IV (Sector Atlántico).

Formaciones Vegetales Zonales del Trópico:

1. Bosques bajos o medianos caducifolios de zonas cálidas y secas. 750 a 1,250 mm, 26 a 29 °C, 0 a 500 m snm. Llueve de Mayo a Octubre.

2. Bosques bajos o medianos subcaducifolios de zonas cálidas y semihúmedas. 1,200 a 1,900 mm, 26 a 28 °C, 0 a 500 m snm. Llueve de Mayo a Noviembre.

3. Bosques medianos o altos perennifolios de zonas muy frescas y húmedas. En las prominencias de la Cordillera de los Maribios y en la Meseta de los Pueblos. 800 a 1,880 mm, 22 a 24 °C, 300 a 1,500 msnm. Llueve de Mayo a Diciembre.

4. Bosques medianos o altos perennifolios de zonas muy frescas y húmedas (Nebliselvas de altura). En las partes más altas de los volcanes San Cristóbal, Mombacho, Concepción y Maderas. 1, 250 a 1,500 mm, 20 a 22 °C, 1,000 a 1,745 m snm. Llueve de Mayo a Enero.

Formaciones Vegetales Azonales del Trópico:

1. Bosques bajos de esteros y marismas (Manglares del litoral del Océano Pacífico). 1,200 a 1,900 mm, 26 a 28 °C, 0 a 6 m snm. Llueve de Mayo a Noviembre.

2. Bosques bajos de sitios inundados periódicamente con agua salada (Praderas salinas frente al Golfo de Fonseca). 1,900 mm, 26 a 28 °C, 0 a 6 m snm. Llueve de Mayo a Noviembre.

3. Bosques medianos a altos de sitios inundados periódicamente o permanentemente con agua dulce (Márgenes del lago de Nicaragua). 1,500 a 2,750 mm, 26 a 28 °C, 39 a 49 m snm. Llueve de Mayo a Diciembre. También se pueden incluir en este apartado los "Bosques de galería", que se encuentran en las márgenes de los ríos.

Según SALAS (1993), las Formaciones Vegetales (Formaciones Forestales) Zonales son aquellas que se han formado como resultado de las condiciones climáticas imperantes en cada zona. En cambio, las Formaciones Vegetales Azonales son aquellas cuyo surgimiento es independiente de las condiciones climáticas imperantes, como es el caso de los Bosques de Galería, cuya composición florística y expresión de crecimiento en altura no corresponde a la formación vegetal zonal dentro de la cual se encuentra inmersa.

Este autor se refiere también a otra clasificación que considera a las Formaciones Vegetales como Naturales o Artificiales. Dentro de las primeras se encuentran las anteriormente citadas Zonales y Azonales. Las Formaciones Vegetales Artificiales son todas las producidas por la actividad humana desarrollada en el uso de la tierra y en el aprovechamiento de los recursos naturales y son las siguientes:

1) Bosque tropical árido caducifolio.
2) Bosque abierto en galería.
3) Bosque bajo sabanero con matorral abundante de tipo caducifolio.
4) Matorrales espinosos.
5) Sabana herbácea.
6) Sabana semidesértica.
7) Llanos.
8) Sabanetas.

La gran mayoría de las especies arborescentes de los bosques de las Formaciones Vegetales Naturales del Pacífico nicaragüense existen actualmente solo en pequeños fragmentos relictivos y sus especies predominantes son las siguientes.

- *Astronium graveolens* (Palo Obero)
- *Bombacopsis quinata* (Pochote)
- *Cedrela odorata* (Cedro Real)

- *Cordia aliodora* (Laurel Negro)
- *Chlorophora tinctoria* (Mora)
- *Diphysa robinioides* (Guachipilín)
- *Godmania aesculifolia* (Cacalogüiste)
- *Mastichodendron capiri* (Tempisque)
- *Sterculia apetala* (Panamá)
- *Swietenia humilis* (Caoba del Pacífico)

Paralelamente a la reducción de las especies anteriores, otras especies, también arborescentes, han aumentado sus poblaciones. Estas especies son las siguientes:

- *Acasia farnesiana* (Aromo)
- *Byrsonina crassifolia* (Nancite)
- *Cordia truncatifolia* (Tigüilote Macho)
- *Crescentia alata* (Jícaro Sabanero)
- *Pithecellobium dulce* (Espino de Playa)
- *Rehdera trinervis* (Chicharrón Blanco)
- *Tecoma stans* (Sardinillo)

En la región Ecológica I (Región del Pacífico) son muy notorios los grandes conglomerados de flora menor que se producen en el campo, especialmente al final de la estación lluviosa, durante los meses de Octubre y Noviembre. Algunas de estas especies son las siguientes:

- *Achirantes indica* (Chilillo)
- *Aeschynomene americana* (Tamarindo)
- *Amaranthus espinosus* (Bledo)
- *Argemone mexicana* (Cardosanto)
- *Aristida ternipes* (Zacate Crín de Macho)
- *Baltimora recta* (Flor Amarilla)
- *Bromelia karatas* (Piñuela)
- *Bromelia pinguin* (Piñuela)
- *Byttneria aculeata* (Bebechicha)
- *Capsicum frutescens* (Chile Montero)
- *Cenchrus brownii* (Mozote)

Ubicación Biogeográfica General.

Dentro de un contexto biogeográfico global, Nicaragua queda comprendida en la región Neotropical (WALLACE, 1876; MARGALEF, 1974). Como parte del Neotrópico, en Nicaragua concurren la provincia biogeográfica Pacífica, en verde oscuro) y la provincia Mesoamericana de Montaña (en verde claro); en la primera está contenida la región natural del Pacífico (área de estudio) y la Llanura Costera del Atlántico; en la segunda están contenidas las Tierras Altas del Interior (CABRERA & WILLINK, 1973).

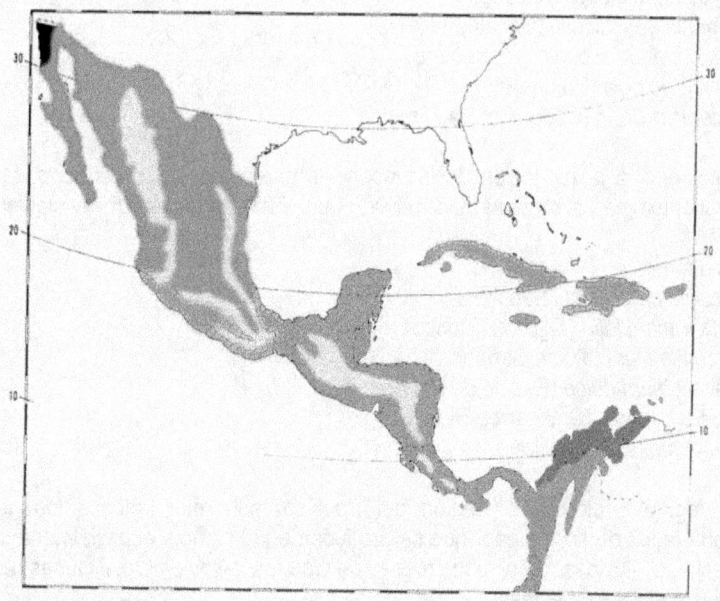

Figura 11.- Provincias biogeográficas de Nicaragua dentro del Neotrópico, según CABRERA & WILLINK (1973).

LISTADO SISTEMÁTICO DE LAS ESPECIES PRESENTES EN EL PACÍFICO NICARAGÜENSE

CLASE GASTROPODA Cuvier, 1797

SUBCLASE PROSOBRANCHIA Milne-Edwards, 1848

ORDEN Archaeogastropoda Thiele, 1925

SUBORDEN Neritiomorpha Golikov & Starobogatov, 1975

SUPERFAMILIA Helicinoidea Latreille, 1825

FAMILIA Neritidae Rafinesque, 1815

Neritina Lamarck, 1899

Neritina latissima Broderip, 1832
Neritina virginea listeri Martens, 1865

FAMILIA Helicinidae Lamarck, 1799

Helicina Lamarck, 1799

Helicina rostrata Morelet, 1851

Lucidella Swainson, 1840

Lucidella lirata (Pfeiffer, 1847)

SUBORDEN ARCHITAENIOGLOSSA Haller, 1890

SUPERFAMILIA Cyclophoroidea Gray, 1847

FAMILIA Poteriidae Gray, 1850

Neocyclotus Fischer & Croose, 1886

Neocyclotus dysoni nicaraguense Bartsch & Morrison, 1942

SUPERFAMILIA Viviparoidea Gray, 1847

FAMILIA Ampullariidae Guilding, 1828

Pomacea Perry, 1811

Pomacea flagellata (Say, 1827)
Pomacea costaricana (Martens, 1899)

ORDEN APOGASTROPODA Salvini-Plawen & Haszprunar, 1987

SUBORDEN CAENOGASTROPODA Cox, 1960

SUPERFAMILIA Rissoidea Gray, 1847

FAMILIA Hydrobiidae Hartmann, 1821

Pyrgophorus Ancey, 1888

Pyrgophorus coronatus (Pfeiffer, 1840)

Zetekina Morrison, 1947

Zetekina martensi (Pilsbry, 1935)

Aroapyrgus Baker, 1931

Aroapyrgus panamensis (Tryon, 1863)

Cochliopina Morrison, 1946

Cochliopina minor (Pilsbry, 1920)
Cochliopina tryoniana Pilsbry, 1890

FAMILIA Thiaridae Troschel, 1857

Melanoides Olivier, 1804

Melanoides tuberculata (Müller, 1774)

FAMILIA Pleuroceriidae Gill, 1871

Pachychilus Lea, 1850

Pachychilus chrysalis (Brot, 1872)
Pachychilus largillierti (Philippi, 1843)

Pachychilus oerstedi Mörch, 1860
Pachychilus subnodosus Philippi, 1847

SUBCLASE EUTHYNEURA Spengel, 1881

SUPERORDEN PULMONATA Cuvier, 1817

ORDEN Basommatophora Schmidt, 1855

SUPERFAMILIA Physoidea Fitzinger, 1833

FAMILIA Physidae Fitzinger, 1833

Aplexa Lea, 1850

Aplexa nicaraguana (Morelet, 1851)
"Physa" squalida Morelet, 1851

SUPERFAMILIA Planorboidea Rafinesque, 1815

FAMILIA Planorbidae Rafinesque, 1815

Biomphalaria Preston, 1910

Biomphalaria havanensis (Pfeiffer, 1839)

Helisoma Swainson, 1840

Helisoma caribaeum (Orbigny, 1841)
Helisoma nicaraguanus (Morelet, 1851)

FAMILIA Ancylidae Rafinesque, 1815

Hebetancylus Pilsbry, 1914

Hebetancylus excentricus (Morelet, 1851)

ORDEN Stylommatophora Schmidt, 1855

SUBORDEN Orthurethra Pilsbry, 1900

SUPERFAMILIA Pupilloidea Turton, 1821

FAMILIA Vertiginidae Fitzinger, 1833

Bothriopupa Pilsbry, 1898

Bothriopupa conoidea (Newcomb, 1853)
Bothriopupa tenuidens (C. B. Adams, 1845)

Columella Westerlund, 1878

Columella polvonensis (Pilsbry, 1894)

Pupisoma Stoliczka, 1873

Pupisoma dioscoricola (C.B. Adams, 1845)
Pupisoma minus Pilsbry, 1920

Sterkia Pilsbry, 1898

Sterkia antillensis Pilsbry, 1920

Vertigo Müller, 1774

Vertigo milium (Gould, 1840)

FAMILIA Pupillidae Turton, 1831

Pupilla Leach, 1852

Pupilla oerstedi (Mörch, 1859)

Gastrocopta Wollaston, 1878

Gastrocopta geminidens (Pilsbry, 1917)
Gastrocopta gularis Thompson & López, 1996
Gastrocopta servilis (Gould, 1843)
Gastrocopta pellucida (Pfeiffer, 1841)
Gastrocopta pentodon (Say, 1821)

FAMILIA Succineidae Beck, 1837

Succinea Draparnaud, 1805

Succinea guatemalensis Morelet, 1849
Succinea recisa (Morelet, 1851)

FAMILIA Ferussacidae Bourguignat, 1883

Ceciliodes Férussac, 1814

Ceciliodes consobrinus Orbigny, 1855
Ceciliodes gundlachi (Pfeiffer, 1850)

FAMILIA Subulinidae Crosse & Fischer, 1877

Beckianum Baker, 1961

Beckianum beckianum (Pfeiffer, 1846)
Beckianum sinistrum (Martens, 1898)

Lamellaxis Strebel & Pffefer, 1882

Lamellaxis gracilis (Hutton, 1834)
Lamellaxis micra (Orbigny, 1835)

Leptinaria Beck, 1839

Leptinaria guatemalensis (Crosse & Fischer, 1877)
Leptinaria insignis (Smith, 1898)
Leptinaria interstriata (Tate, 1870)
Leptinaria lamellata (Potiez & Michaud, 1838)
Leptinaria strebeliana Pilsbry, 1907
Leptinaria tamaulipensis Pilsbry, 1903

Opeas Albers, 1850

Opeas pumilum (Pfeiffer, 1840)

Subulina Beck, 1837

Subulina octona (Bruguière, 1792)

FAMILIA Streptaxidae Gray, 1860

Huttonella Pfeiffer, 1856

Huttonella bicolor (Hutton, 1834)

FAMILIA Spiraxidae Baker, 1955

Euglandina Fischer & Crosse, 1870

45

Euglandina cumingii (Beck, 1837)
Euglandina obtusa (Pfeiffer, 1844)

Pittieria Martens, 1901

Pittieria underwoodi (Fulton, 1897)

Salasiella Strebel, 1878

Salasiella guatemalensis Pilsbry, 1919
Salasiella hinkleyi Pilsbry, 1919
Salasiella perpusilla (Pfeiffer, 1880)

SUBORDEN Dolichonephra Tillier, 1989

SUPERFAMILIA Zonitoidea Mörch, 1864

FAMILIA Limacidae Rafinesque, 1815

Deroceras Rafinesque, 1820

Deroceras laeve (Müller, 1774)

FAMILIA Helicarionidae Bourguignat, 1888

Euconulus Morch, 1867

Euconulus pittieri (Martens, 1892)

Guppya Morch, 1867

Guppya gundlachi (Pfeiffer, 1839)

Habroconus Fischer & Crosse, 1872

Habroconus championi (Martens, 1892)
Habroconus selenkai (Pfeiffer, 1866)
Habroconus trochulinus (Morelet, 1851)

Ovachlamys Habe, 1946

Ovachlamys fulgens (Gude, 1900)

FAMILIA Zonitidae Mörch, 1864

    Glyphyalinia Martens, 1892

        Glyphyalinia indentata (Say, 1822)

    Hawaiia Gude, 1911

        Hawaiia minuscula (Binney, 1840)

    Striatura Morse, 1864

        Striatura meridionalis (Pilsbry & Ferriss, 1906)

SUPERFAMILIA Helicoidea Rafinesque, 1815

FAMILIA Helminthoglyptidae Pilsbry, 1939

    Trichodiscina Strebel, 1880

        Trichodiscina coactiliata (Deshayes, 1838)

FAMILIA Polygyridae Pilsbry, 1895

    Praticolella Martens, 1892

        Praticolella griseola (Pfeiffer, 1841)

FAMILIA Thysanophoridae Pilsbry, 1926

    Thysanophora Strebel & Pfeffer, 1880

        Thysanophora hornii (Gabb, 1866)
        Thysanophora caecoides (Tate, 1870)
        Thysanophora costaricensis Rehder, 1942
        Thysanophora crinita (Fulton, 1917)
        Thysanophora plagioptycha (Shuttleworth, 1854)

SUBORDEN Brachynephra Tillier, 1989

SUPERFAMILIA Clausilioidea Mörch, 1864

FAMILIA Bulimulidae Tryon, 1867

Bulimulus Leach, 1814

Bulimulus corneus (Sowerby, 1833)

Drymaeus Albers, 1850

Drymaeus alternans (Beck, 1837)
Drymaeus discrepans (Sowerby, 1833)
Drymaeus dominicus Reeve, 1850
Drymaeus multilineatus (Say, 1825)
Drymaeus translucens (Broderip, 1832)

FAMILIA Orthalicidae Pilsbry, 1899

Orthalicus Beck, 1838

Orthalicus ferussaci Martens, 1863
Orthalicus princeps (Broderip, 1833)

SUPERFAMILIA Endodontoidea PILSBRY, 1894

FAMILIA Systrophiidae Thiele, 1926

Drepanostomella Bourguignat, 1889

Drepanostomella pinchoti Pilsbry, 1930

Miradiscops H.B.Baker, 1925

Miradiscops opal (Pilsbry, 1919)
Miradiscops panamensis Pilsbry, 1930

FAMILIA Punctidae Morse, 1864

Punctum Morse, 1864

Punctum burringtoni Pilsbry, 1930

FAMILIA Charopidae Hutton, 1884

    Chanomphalus Strebel & Pfeffer, 1880

        Chanomphalus pilsbryi (Baker, 1922)

    Radiodiscus Pilsbry & Ferriss, 1906

        Radiodiscus millecostatus Pilsbry & Ferriss, 1906

ORDEN Systellommatophora Pilsbry, 1948

SUPERFAMILIA Veronicelloidea Gray, 1840

FAMILIA Veronicellidae Gray, 1840

    Diplosolenodes Thomé, 1975

        Diplosolenodes occidentalis (Guilding, 1825)
        Diplosolenodes olivaceus (Stearns, 1871)

    Leidyula Baker, 1925

        Leidyula floridana (Leidy & Binney, 1851)

50

CATALOGO ICONOGRAFICO DE ESPECIES

FAMILIA Neritidae Rafinesque, 1815

Neritina latissima Broderip, 1832

Neritina latissima Broderip, 1832. P.Z.S., p. 200.

Localidad tipo: Realejo, Nicaragua (MARTENS, 1890-1901).

Extensión geográfica: Nicaragua, Costa Rica, Panamá, Ecuador, Perú (MARTENS, 1890-1901).

Descripción: Concha helicoidal-depresa, opaca, sólida. Color gris-violeta. Escultura de líneas de crecimiento. Ápice redondeado. Abertura semicircular. Labio simple y ampliamente expandido. Zona columelar blanca.

Dimensiones: D. 30.63 mm, Alt. 25.55 mm.

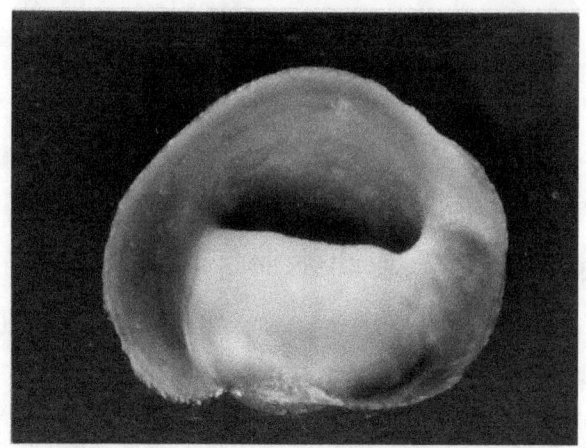

Iconografía: WENZ (1938-44, C, fig. 1048, p. 427); KEEN (1971, C, p. 360, fig. 167).

Hábitat: Especie fluvial y de estuarios.

Referencias: RUSSELL (1941).

Comentarios: El labio externo muy expandido, que la hace parecer una lapa, es lo más característico de esta especie y la hace inconfundible con cualquier otro gasterópodo fluvial.

Ha sido citada del Realejo (UTM 16PDJ8390), en el departamento de Chinadega por MARTENS (1890-1901). No ha sido recolectada por nosotros fuera del área de estudio.

Neritina virginea listeri Martens, 1865

Neritina virginea var *listeri* v. Martens, 1865. Malak. Blatt. Xii. P. 62

Localidad tipo: E. Nicaragua, Rio San Juan.

Extensión geográfica: Cuba, Pto Rico y Jamaica (MARTENS, 1890-1091).

Distribución geográfica: Greytown (MARTENS, 1890-1091).

Descripción: Concha más grande y más globose que la forma típica, amarillenta-verdosa (Violeta-lavada), con abundantes líneas en zig-zag y pequeñas manchas blancas con bordes negros. Callo columelar blanco, más o menos amarillo o incluso naranja hacia afuera. Dmax. 22.5 mm; Dmen. 14 mm; Long. 21 mm; Marg. Col. 12.5 mm.

Hábitat: Especie fluvial.

Referencias: MARTENS (1890-1901).

Comentarios: De acuerdo a nuestros datos esta especie no ha sido recolectada en el área de estudio posteriormente a su primera cita.

FAMILIA Helicinidae Lamarck, 1799

Helicina rostrata Morelet, 1851

Helicina rostrata Morelet, 1851. Test. Noviss., ii, p. 17.

Localidad tipo: San Agustin Lanquin, Vera Paz, Guatemala (MARTENS, 1890-1901).

Extensión geográfica: Guatemala y Nicaragua (MARTENS, 1890-1901).

Descripción: Concha heliciforme, sólida, opaca. La espira constituye casi 1/4 de la altura total de la concha. Color verde en las dos o tres primeras vueltas, posteriormente verde claro-rojizo. Presenta una banda blanca subsutural que también se presenta en la periferia de la vuelta del cuerpo. Escultura de líneas radiales sinuosas. Sutura poco marcada. Ápice obtuso. Vueltas 5.30, aplanadas excepto la vuelta del cuerpo que es convexa y subangulada. Base imperforada. Abertura semicircular ubicada en posición latero-inferior. Peristoma ligeramente engrosado, reflejado y con una prolongación en forma de triángulo. Columela entera, engrosada y dilatada, con un nódulo pequeño. Presenta un surco pequeño hacia la zona parietal. Opérculo concéntrico, córneo y translúcido de color amarillo. Protoconcha de color blanco en el núcleo, posteriormente de color verde claro, escultura lisa en el núcleo y luego con la escultura de la teloconcha, vueltas 1.75; tiene forma globosa y se encuentra elevada del nivel de las vueltas subsiguientes.

Dimensiones: D. 10.72 mm, Alt. 9.25 mm, L. ab. 4.97, A. ab. 3.34 mm.

Dimensiones: (n= 4).

Variable	X	Mínimo	Máximo	Rango	DS
Altura	8.65	7.8	9.3	1.5	0.63
Diámetro	10.87	10.2	11.7	1.5	0.64

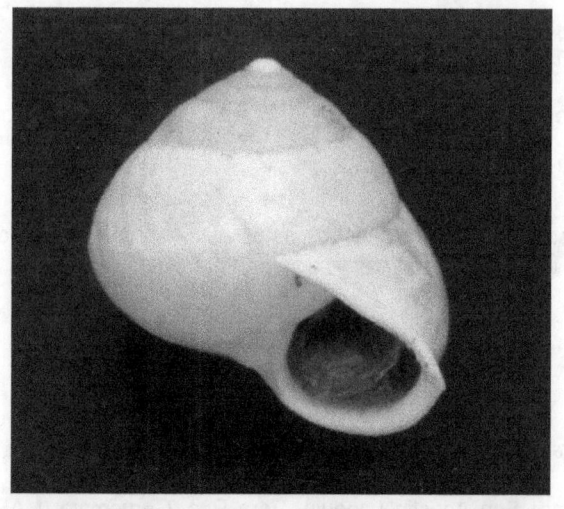

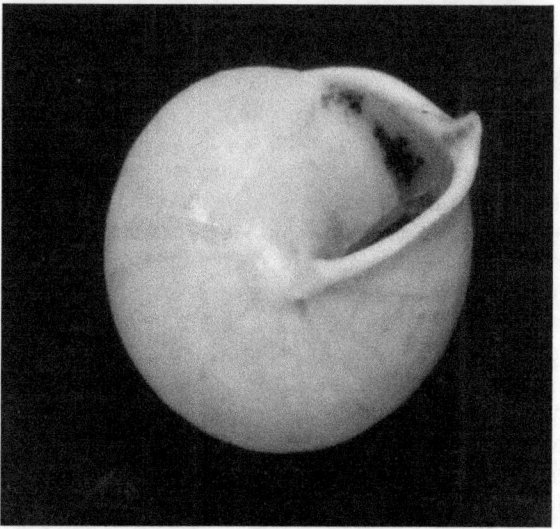

Iconografía: FISCHER & CROSSE (1870-1902, C).

Hábitat: Orillas de carreteras, ríos y puentes. Vegetación de matorrales espinosos, bosques de galería y bosques bajos o medianos caducifolios secundarios. Suelo de tierra con hojarasca, con o sin humus; húmedos. Iluminación de sol filtrado y umbra.

Referencias: BAKER (1922b).

Comentarios: Ha sido citada de San Diego por TATE (1870); esta localidad no ha podido ser confirmada por nosotros. También, ha sido citada de Acoyapa (UTM 16PGJ0021), en el departamento de Chontales, por MARTENS (1890-1901).

Lucidella lirata (Pfeiffer, 1847)

Helicina lirata Pfeiffer, 1847. Zeitschrift f. Malak., 4, p. 150.

Localidad tipo: Veracruz, México (MARTENS, 1890-1901).

Extensión geográfica: México, Guatemala, Honduras, Costa Rica, Panamá, Venezuela (MARTENS, 1890-1901).

Descripción: Concha de forma cónica, depresa. La espira constituye aproximadamente 1/3 de la altura total de la concha. Carinada en la periferia. Ápice agudo. Base impresa. Color marrón claro a rojizo. Pared más bien translúcida. Escultura de liras espirales, presenta 6 liras por vuelta, tres más elevadas y tres más bajas, alternando una baja y una alta desde la sutura; las liras son más estrechas que la separación entre ellas. Sutura marcada. Ápice aplanado. Vueltas 4.25, más bien planas excepto la vuelta del cuerpo. No presenta ombligo o perforaciones. Base columelar simple y no truncada. Abertura deflecta y en forma de D. Peristoma expandido y de color blanco. Opérculo concéntrico, córneo, delgado y translúcido. Protoconcha de color marrón claro, escultura de líneas radiales poco marcadas, con 0.5 vueltas.

Dimensiones: D. 4.58 mm, Alt. 3.19 mm, L. ab. 1.23 mm, A. ab. 1.57 mm.

Dimensiones: (n= 11).

Variable	X	Mínimo	Máximo	Rango	DS
Altura	3.11	2.5	3.6	1.1	0.29
Diámetro	4.63	4.3	4.9	0.6	0.20

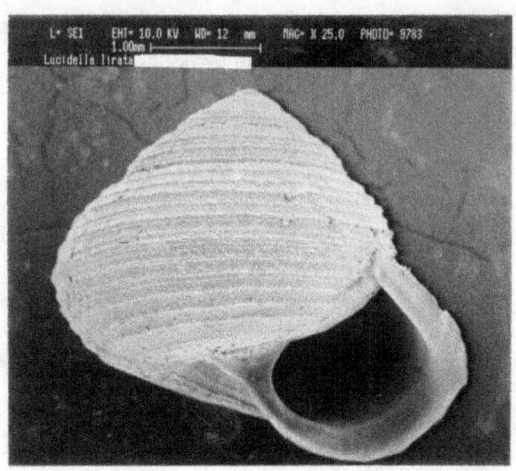

Iconografía: SOWERBY (1866, C, L. 268, fig. 87); STREBEL & PFEFFER (1873-1882, C, L. 1a, L. 2, figs. 8, 8a, 18-3); MARTENS (1890, C + A, p. 41, L. 1, fig. 18); BAKER (1922b, R, L. 3, fig. 5, L. 5, fig. 21).

Hábitat: Orillas de carreteras, caminos secundarios, ríos y puentes. Vegetación de matorrales espinosos, bosques de galería, bosques bajos o medianos caducifolios secundarios y bosques medianos o altos subperennifolios. Suelos de tierra con hojarasca con o sin humus; húmedos. Iluminación de sol filtrado y umbra.

Referencias: MARTENS (1890-1901).

Comentarios: Esta especie ha sido recolectada por nosotros fuera del área de estudio en localidades varias de los departamentos de Boaco, Estelí, Matagalpa y Río San Juan.

Constituye un nuevo registro para la malacofauna continental de Nicaragua.

FAMILIA Poteriidae Gray, 1850

Neocyclotus dysoni nicaraguense Bartsch & Morrison, 1942

Neocyclotus dysoni nicaraguense Bartsch & Morrison, 1942. Smith. Inst., 181, pp. 214-215.

Localidad tipo: Polvón, Nicaragua (BARTSCH & MORRISON, 1942).

Extensión geográfica: Nicaragua (BARTSCH & MORRISON, 1942).

Descripción: Concha de forma helicoidal, opaca y sólida. La espira constituye algo más de 1/8 de la altura total de la concha. Color verde oliva claro. Escultura de costillas radiales onduladas algo más estrechas que la separación entre ellas, más acentuadas desde la tercera vuelta; en la última parte de la vuelta del cuerpo las costillas se hacen irregulares. Sutura impresa. Ápice obtuso. Vueltas 4, de crecimiento rápido y forma más bien convexa. Base umbilicada, muy convexa y marcada por la continuación de la escultura que caracteriza la superficie superior de la última vuelta y que se extiende a la pared umbilical, que está marcada por líneas bajas, irregulares, semejantes a costillas. Abertura anchamente redondeada, algo angulada en el ángulo posterior. Peristoma simple, labios algo engrosados; la zona parietal está cubierta por una callosidad fuerte que hace que el peristoma sea completo. Hay una línea algo impresa entre esta callosidad y la vuelta anterior. Opérculo multispiral típicamente neociclótido. Protoconcha de color rosado en el material fresco, escultura lisa al comienzo y posteriormente con costillas radiales finas, con 1.75 vueltas más bien convexas.

Dimensiones: D. 19.74 mm, Alt. 16.34 mm, L. ab. 9.98 mm, A. ab. 9.46 mm.

Dimensiones: (n= 8).

Variable	X	Mínimo	Máximo	Rango	DS
Altura	16.94	15.9	19.4	3.5	1.27
Diámetro	21.45	19.6	23	3.4	1.24

Iconografía: PÉREZ & LÓPEZ (1993c, C, p. 31, fig. 5); PÉREZ & LÓPEZ (1995c, C, p. 68, fig. 4).

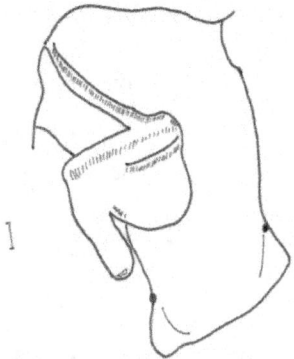

Hábitat: Cultivos de café bajo arboledas, orillas de río con vegetación de bosques de galería; bosques medianos y altos. Suelos de tierra con hojarasca con o sin humus; húmedos. Iluminación de penumbra y umbra.

Referencias: MARTENS (1890-1901); BARTSCH & MORRISON (1942).

Comentarios: Es una subespecie endémica de Nicaragua. Fuera del área de estudio ha sido recolectada en localidades varias de los departamentos de Matagalpa y Estelí.

Puesto que sólo se conocía de la localidad tipo, las localidades aportadas en este trabajo amplían notablemente su área de distribución.

FAMILIA Ampullariidae Guilding, 1828

Pomacea flagellata (Say, 1827)

Ampullaria flagellata Say, 1827. New Harmony Disseminator of Useful knowledge, p. 22.

Localidad tipo: Provincia de Veracruz, México (MARTENS, 1890-1901).

Extensión geográfica: Desde México hasta Colombia (NARANJO-GARCÍA & GARCÍA-CUBAS, 1986).

Descripción: Concha de forma aovada, opaca, sólida. Espira corta que representa menos de ¼ de la altura total de la concha. Forma general variable. Escultura de líneas radiales irregularmente dispuestas, así como maleaciones dispersas en la superficie. Vuelta del cuerpo de color marrón oliváceo, primeras vueltas de color violeta claro; desde la cuarta vuelta aparece una zona más clara que comprende la parte superior de la vuelta, esta zona se prolonga hasta la vuelta del cuerpo y es de un color verde oliva claro. Hay algunos ejemplares en los que aparecen algunas bandas de este color oliva claro en la zona marrón-olivácea de la vuelta del cuerpo. Abertura de forma aovada con el margen reflejado en los adultos; deflecta. Base umbilicada. Columela entera y plegada sobre el ombligo. Vueltas 5, convexas. Opérculo córneo y de tipo concéntrico; cuando el animal queda introducido en la concha el caracol queda cerrado. Protoconcha de color violeta claro, marrón en la zona sutural; escultura de líneas muy finas de crecimiento; vueltas 2.25.

Dimensiones: D. 46.91 mm, Alt. 53.06 mm, L. ab. 34.55 mm, A. ab. 22.46 mm.

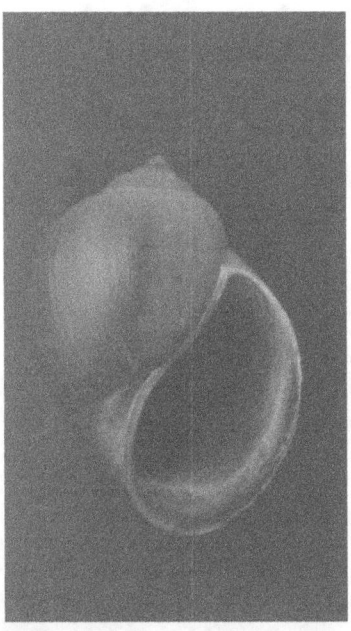

Aparato genital: *P. flagellata* es una especie gonocorística. Macho: El aparato reproductor posee un testículo, en forma espiral y está localizado en las tres primeras vueltas de la espira; se encuentra embebido en la glándula digestiva. Del testículo sale un vaso deferente que se une a una próstata larga, lisa y ligeramente aplanada; en ocasiones, en su extremo proximal se observa una división formando un pequeño lóbulo. La próstata desemboca por medio de un fino conducto a la bolsa del pene, la cual es esférica y se encuentra situada del lado derecho de la branquia, cerca de su porción anterior y a la izquierda del ano. En la bolsa se encuentra el pene enrollado en forma espiral y en su extremo proximal se encuentra el orificio genital. El pene se comunica al exterior mediante un canal formado por un par de pliegues a casi todo lo largo de la vaina del pene, la cual es una región muscular, glandular y muy flexible. En esta región se encuentran tres glándulas; una situada en el extremo distal que desemboca en el orificio de salida del pene, la segunda y más voluminosa, se encuentra localizada a la mitad del borde izquierdo y la tercera y la más pequeña, se halla a la mitad del borde derecho de la vaina. Toda la vaina del pene se encuentra localizada en el lado derecho del borde de la cavidad del manto.

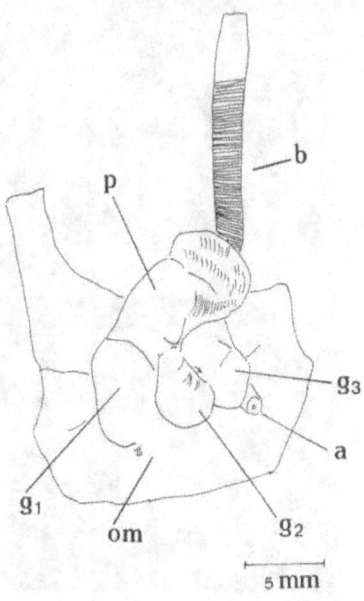

Mandíbula: está compuesta por dos placas córneas bien desarrolladas y dispuestas en forma de cono (en la figura se observan aplanadas pero esto es un artilugio para poder realizar el dibujo).

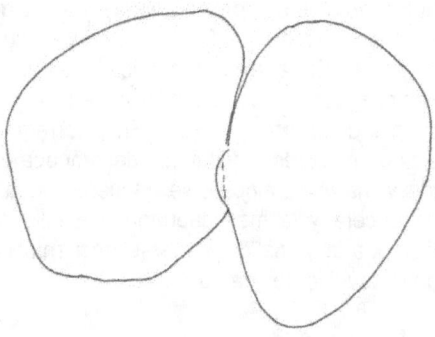

Rádula: es de tipo teniogloso. Las cúspides, en general, tienen forma triangular terminada en punta. El diente central presenta una cúspide media de mayor tamaño, llegando generalmente su extremo posterior a la base del diente; a cada lado se observan tres cúspides, disminuyendo en tamaño hacia los extremos. En los extremos laterales de la base del diente se observa un borde que se dirige hacia la segunda cúspide lateral; probablemente son un par de cúspides basales poco desarrolladas. Ocasionalmente las cúspides laterales del diente central se observan divididas en dos.

El diente lateral posee también una cúspide media de mayor tamaño y dos cúspides a cada lado, siendo las de los extremos las más pequeñas. Presenta dos pares de dientes marginales, un par externo y un par interno, los cuales se orientan hacia el centro. El par de dientes marginales internos son de mayor tamaño que los externos; ambos presentan dos cúspides, siendo la externa de mayor tamaño.

Cavidad palial: es muy amplia, anterior a la masa visceral y dorsal al cuello, abierta hacia adelante, en donde se aloja una branquia monopectinada, con una serie de lamelas numerosas y muy desarrolladas; al lado izquierdo de ésta se encuentra una cavidad pulmonar, la cual presenta una abertura que se abre cerca del osfradio.

Tiene un par de sifones que son prolongaciones del manto, que se pliegan hacia arriba formando un tubo, pero nunca se fusionan; el sifón izquierdo es más grande que el derecho.

El osfradio se encuentra implantado en el extremo izquierdo de la superficie dorsal de la cavidad del manto; está bien desarrollado, tiene forma oval y presenta alrededor de 13 pares de filamentos, divididos por un tabique central.

Animal: en vida es de color marrón oscuro o casi negro.

Dimensiones: (n= 30).

Variable	X	Mínimo	Máximo	Rango	DS
Altura	52.04	48.1	61.6	13.5	9.43
Diámetro	46.8	41	55.6	14.6	3.35

Iconografía: MARTENS (1890-1901, C), BAKER (1922a, R, L. 15, fig. 6); PAIN (1964, C); RANGEL (1988, C, G, M, R).

Hábitat: Especie anfibia que habita estuarios de agua dulce.

Referencias: MARTENS (1890-1901); ALDERSON (1925); PAIN (1964, 1972); RANGEL (1988).

Comentarios: PAIN (1964) realizó un breve pero detallado resumen de la situación taxonómica de esta especie, destacando la notable variabilidad existente dentro sus poblaciones y entre ellas, y los numerosos errores de identificación existentes en la bibliografía, a causa de que los autores que la han citado no han tenido ni suficiente material a su disposición, ni acceso al material tipo de la especie. Este autor sinonimizó numerosos de los táxones previamente descritos para el género *Ampullaria* (= *Pomacea*), concluyendo que todos ellos pueden ser reducidos a cuatro subespecies: *P. f. flagellata* (Say, 1827), *P. f. livescens* (Reeve, 1856), *P. f. erogata* (Fischer & Crosse, 1890) y *P. f. dysoni* (Hanley, 1854).

Según PAIN (1964), muchos de los táxones descritos se han basado en diferencias de tamaño o presencia o ausencia de maleaciones, caracteres muy variables intra e interpoblacionalmente. Esta situación también se presenta en el material estudiado por nosotros.

Constituye un nuevo registro para la malacofauna continental de Nicaragua, ya que, NARANJO-GARCÍA & GARCÍA-CUBAS (1986) en su artículo sobre la distribución de *P. flagellata*, brindan datos concretos de todos los países comprendidos dentro del ámbito de distribución de esta especie, con la excepción de Nicaragua.

Debido a su gran tamaño y, por consiguiente su posible uso helicicultural, aspectos de su autoecología, como la densidad, curva de crecimiento y preferencia por el hábitat, fueron estudiados por DÁVILA (com. pers.).

Pomacea costaricana (Martens, 1899)

Ampullaria costaricana Martens, 1899, pp. 418-419; pl. 24, figs 14-17.

Localidad tipo: No consignada.

Extensión geográfica: Noroeste de Costa Rica en el Rio Saveyre en Boca Culebra; suroeste de Costa Rica en el Palmar al sur del Rio Grande de Terraba; norte de Panama en Chiriqui (MARTENS, 1899).

Distribución geográfica: Lago de Nicaragua, Nicaragua;

Hábitat: Especie fluviátil.

Referencias: MARTENS (1899).

Comentarios: De acuerdo a nuestros datos esta especie no ha sido recolectada en el área de estudio posteriormente a su primera cita.

FAMILIA Hydrobiidae Hartmann, 1821

Pyrgophorus coronatus (Pfeiffer, 1840)

Paludina coronata Pfeiffer, 1840. Archiv. F. Naturg., p. 253.

Localidad tipo: Matanzas, Cuba (HERSHLER & THOMPSON, 1992).

Extensión geográfica: Texas en USA, El Salvador, México, Nicaragua, Colombia, Venezuela, Las Antillas (HERSHLER & THOMPSON, 1992).

Descripción: Concha alargada, cónica. La espira constituye algo menos de 1/2 de la altura total de la concha. Color amarillo-córneo. Paredes medianamente translúcidas y moderadamente sólidas. Sutura marcada. Ápice agudo. Vueltas 6, de forma convexa. Base imperforada. Abertura de forma aovada; en ubicación latero-inferior. Peristoma libre, simple y ligeramente reflejado. Columela entera. Opérculo multispiral. Protoconcha de color amarillo-córneo y la misma escultura de la teloconcha.

Debido a la variabilidad de esta especie en términos de escultura y tamaño se han elegido dos morfos extremos para su caracterización.

Morfo 1: Escultura de líneas radiales de crecimiento elevadas, atravesadas por costillas espirales poco marcadas.

Dimensiones: Alt. 5.20 mm, D. 2.62 mm, L. ab. 1.53 mm, A. ab. 1.13 mm.

Morfo 2: Escultura de líneas radiales de crecimiento enmarcadas por la escultura de liras radiales, ca. 3 liras/ vuelta y 4 en la vuelta del cuerpo, de éstas la superior, de la sutura hacia abajo, se ha transformado en una corona de espinas cuyo tamaño va en aumento desde las primeras vueltas hasta la vuelta del cuerpo. En la vuelta del cuerpo las espinas se diponen a una distancia aproximada de 0.37 mm una de otra, y se presentan aproximadamente 3 espinas/ mm.

Dimensiones: Alt. 4.94 mm, D. 2.98 mm, L. ab. 1.18 mm, A. ab. 0.85 mm.

Dimensiones: (n= 12).

Variable	X	Mínimo	Máximo	Rango	DS
Altura	5	3.9	7.2	3.3	0.89
Diámetro	2.49	2	3.8	1.8	0.51

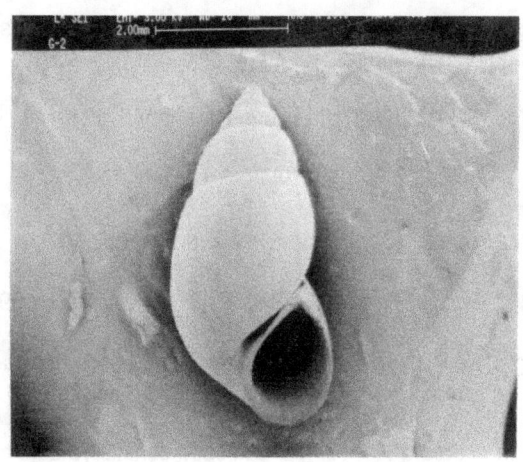

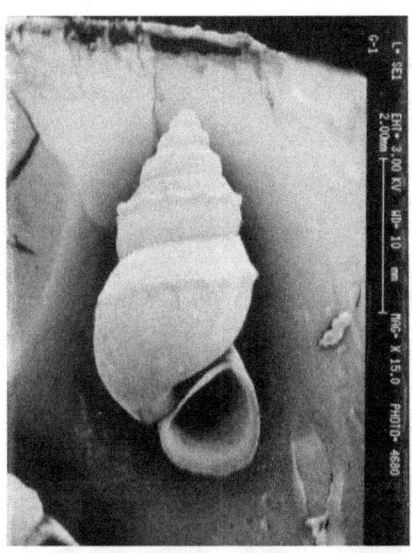

Iconografía: MARTENS (1873, R, PC, L. 2, figs. 13a-h); SCHALIE (1948, C, L. 9, fig. 5); PÉREZ & LÓPEZ (1993a, C, fig. 6); PÉREZ (1994, C, fig. 5).

Hábitat: Especie fluvial.

Referencias: THOMPSON (1968); HERSHLER & THOMPSON (1992).

Comentarios: Según PILSBRY (1903), se han identificado hasta el presente tres morfos relacionados con la escultura de la concha en esta especie, lo que parece cumplirse para poblaciones de Nicaragua, donde PÉREZ (1994) citó la existencia de un cuarto morfo. El notable polimorfismo de esta especie ha sido discutido por PILSBRY (1903), AGUAYO (1938), SCHALIE (1948), HERSHLER & THOMPSON (1992) y PÉREZ (1994), debido a que entre la segunda mitad del siglo pasado y la primera mitad del presente se han descrito numerosas formas de la misma como especies válidas que posiblemente sólo sean variaciones de origen genético o ambiental.

En relación con esta especie, SCHALIE (1948) señaló que existen dos morfos, uno liso y otro con una quilla de forma aserrada que aparece en las primeras vueltas y se incrementa en la espira del cuerpo. Este autor planteó que "existía el criterio de que estos morfos tenían relación con las algas de que se alimentaban y los sustratos sobre los que vivían los individuos", pero él, así como otros autores (v.g. MALEK, 1962) no parecen estar de acuerdo con ésta hipótesis.

En el presente trabajo, después de revisar el material disponible, hemos decidido aceptar, a falta de un estudio conclusivo sobre este tema, que existe una variación continua en las conchas de los especímenes de esta especie, las cuáles varían desde una forma lisa (morfo 1) hasta una forma con espinas y liras (morfo 2), existiendo variación de tamaño e intensidad en la escultura entre ambas formas. Con lo anterior, de alguna manera se ha confirmado lo señalado por SCHALIE (1948).

Zetekina martensi (Pilsbry, 1935)

Littoridina martensi Pilsbry, 1935. Proc. Acad. Nat. Sci. Phila., 87: 5; text-fig. 2.

Localidad tipo: Río Fula, Dept. León, Nicaragua.

Extensión geográfica: Citado sólo de Nicaragua.

Distribución geográfica: Solo citado de la localidad tipo.

Hábitat: Especie fluviátil.

Referencias: PILSBRY (1935).

Comentarios: De acuerdo a nuestros datos esta especie no ha sido recolectada en el área de estudio posteriormente a su primera cita.

Aroapyrgus panamensis (Tryon, 1863)

Amnicola panamensis Tryon, 1863. Proc. Acad. Nat. Sci. Phila., 15: 146; pl. 1, fig. 6.- Von Martens, 1899; Biol. Cent. Amer.: 432.- Pilsbry, 1904; Proc. Acad. Nat. Sci. Phila., 55: 781; pl. 52, fig. 11.

Localidad tipo: Panama, slpc.

Extensión geográfica: Panamá, conocido solo de la localidad tipo.

Distribución geográfica: Javalí, Dept. Chontales, Nicaragua (TATE, 1870:153).

Hábitat: Especie fluviátil.

Referencias: MARTENS (1890-1901).

Comentarios: De acuerdo a nuestros datos esta especie no ha sido recolectada en el área de estudio posteriormente a su primera cita. According to Martenss (1890-1901), a record for Javalí, Dept. Chontales, Nicaragua (TATE, 1870: 153) refers to *A. tryoni.*

Cochliopina minor (Pilsbry, 1920)

Cochliopa minor Pilsbry, 1920. Proc. Acad. Nat. Sci. Phila., 72: 199-200; fig. 5.

Localidad tipo: Polvon, Dept. León, Nicaragua. Holotype ANSP 58286.

Extensión geográfica: Solo citado de Nicaragua.

Distribución geográfica: Nicaragua, solo citado de la localidad tipo.

Hábitat: Especie fluviátil.

Referencias: PILSBRY (1920).

Comentarios: De acuerdo a nuestros datos esta especie no ha sido recolectada en el área de estudio posteriormente a su primera cita.

Cochliopina tryoniana Pilsbry, 1890

Cochliopa tryoniana Pilsbry, 1890; Nautilus, 4: 52.- Pilsbry, 1891; Proc. Acad. Nat. Sci. Phila., 43: 331; pl. 15, fig. 12.- Von Martens, 1899; Biol. Cent. Amer.: 428-429; pl. 23, figs. 9-9c.- Pilsbry, 1920: 198.

Localidad tipo: Polvón [= Palvón], Dept. León, Nicaragua. ANSP 58285a.

Extensión geográfica: Costa Rica.

Distribución geográfica: Citada de la localidad tipo.

Hábitat: Especie fluviátil.

Referencias: MARTENS (1890-1901).

Comentarios: De acuerdo a nuestros datos esta especie no ha sido recolectada en el área de estudio posteriormente a su primera cita.

FAMILIA Thiaridae Troschel, 1857

Melanoides tuberculata (Müller, 1774)

Nerita tuberculata Müller, 1774. Verm. terr. fluv. anim. Inf. Hel. Test., mar., succ. hist., 2.

Localidad tipo: Souf, Argelia (MALEK, 1962).

Extensión geográfica: Gran parte de Africa y países del E del Mediterráneo, toda la India, SE de Asia, Malasia y China del Sur, al Norte hasta las Islas Ryukyu de Japón, al Sur y Este por muchas de las islas del Pacífico hasta el N de Australia y las Nuevas Hébridas. Introducida en Florida, Texas y Arizona (MALEK, 1962); Nicaragua (PÉREZ & LÓPEZ, 1993c).

Descripción: Concha alargada-cónica, opaca, sólida. La espira constituye algo menos de 1/2 de la altura total de la concha. Color marrón claro, con presencia de manchas aisladas de color marrón oscuro. Escultura de costillas radiales bajas y más bien anchas, surcadas por líneas incisas espirales que originan la formación de nódulos. Sutura medianamente profunda. Ápice agudo. Vueltas 8, medianamente convexas. Base imperforada. Abertura aovada, ubicada en posición lateral respecto a la concha. Peristoma simple y no reflejado. Columela entera y engrosada. Protoconcha usualmente quebrada en los ejemplares adultos y subadultos y erosionada en los juveniles.

Dimensiones: Alt. 19.0 mm, D. 6.81 mm, L. ab. 5.69 mm, A. ab. 3.56 mm.

Dimensiones: (n= 13).

Variable	X	Mínimo	Máximo	Rango	DS
Altura	24.39	18.80	32.9	14.1	4.18
Diámetro	7.93	6	11	5	1.59

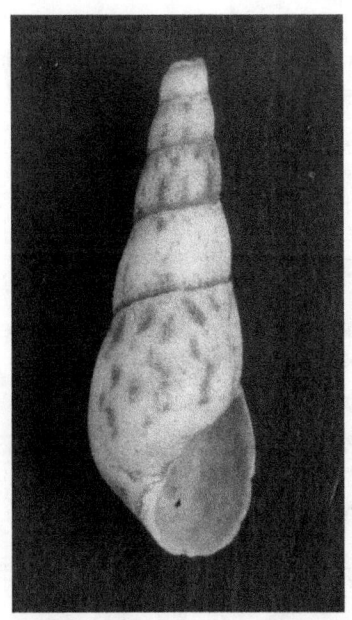

Iconografía: WENZ (1938-44, C, fig. 2065, p. 715); MALEK (1962, C, p. 78, fig. 50-f); BURCH (1989, C, figs. 240, 327).

Hábitat: Especie fluvial que suele habitar en arroyos.

Referencias: MALEK (1962); BURCH (1989).

Comentarios: La concha de esta especie es notablemente variable, lo que en ocasiones dificulta su identificación (MALEK, 1962; POINTIER, com. pers.). Este aspecto ha sido señalado por MALEK (1962) y BROWN (1994), entre otros autores.

Ha sido citado por primera vez de Nicaragua por PÉREZ & LÓPEZ (1993c). Fuera del área de estudio ha sido recolectada por nosotros en localidades varias de la RAAS, y los departamentos de Estelí y Matagalpa.

FAMILIA Pleuroceriidae Gill, 1871

Pachychilus chrysalis (Brot, 1872)

Melania chrysalis Brot, 1872. Mátereiaux fam. Melaniens, 3: 39: pl. 2, fig. 5.- Brot, 1874; in Martini & Chemnitz, Syst. Conch. Cab. (Melaniaceen): 47; pl. 5, fig. 11.

Localidad tipo: No dada.

Extensión geográfica: México, Chiapas: San Pedro Jineta; Ixtacomitan. Tabasco: Teapa; Puyacatengo River, nr. Teapa (PILSBRY, 1900).

Distribución geográfica: Lago de Managua (MARTENS, 1901).

Hábitat: Especie fluviátil.

Referencias: MARTENS (1890-1901).

Comentarios: De acuerdo a nuestros datos esta especie no ha sido recolectada en el área de estudio posteriormente a su primera cita.

Pachychilus largillierti (Philippi, 1843)

Melania largillierti Philippi, 1843. Abbild. neuer Conch., i, p. 62, L. 2. fig. 10.

Localidad tipo: Paso Antonio, Guatemala (MARTENS, 1890-1901).

Extensión geográfica: Guatemala y El Salvador (MARTENS, 1890-1901).

Descripción: Concha alargada-cónica. Espira casi ½ de la altura total de la concha. Color marrón oscuro, más claro en las dos últimas vueltas, donde se presentan bandas verticales de color violeta oscuro de unos 2 mm de ancho, espaciadas y sinuosas. Concha opaca, lisa en las primeras 4 vueltas correspondientes a la protoconcha, posteriormente con una escultura reticular formada por la conjunción de las líneas de crecimiento radiales y líneas espirales muy unidas que surcan la concha espiralmente. Sutura poco marcada. Ápice agudo. Vueltas 8, más bien aplanadas, la última subangulada. Base imperforada. Abertura fusiforme, dispuesta latero-inferiormente con respecto a la concha. Labio no engrosado y ligeramente reflejado en la región inferior. Columela entera y engrosada. Opérculo córneo y paucispiral. La primera, y en ocasiones hasta la segunda vuelta de la protoconcha, aparecen quebradas incluso en ejemplares juveniles.

Dimensiones: D. 13.63 mm, Alt. 34 mm, L. ab. 6.34 mm, A. ab. 3.61 mm.

Dimensiones: (n= 7).

Variable	X	Mínimo	Máximo	Rango	DS
Altura	39.26	34.0	49	15.0	5.1
Diámetro	15.37	13.63	18.2	4.57	1.61

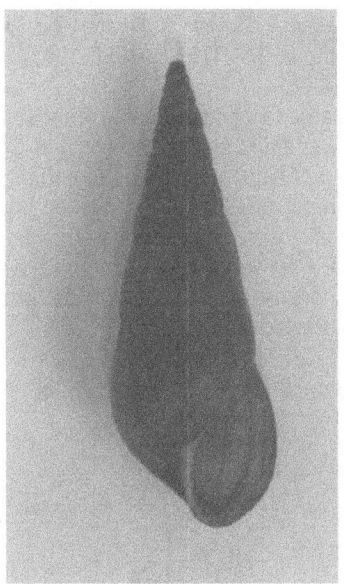

Iconografía: MARTENS (1890-1901, C, L. 25, fig. 12, L. 26, fig. 2); PÉREZ & LÓPEZ (1993a, C, fig. 4).

Hábitat: Especie fluvial.

Referencias: MARTENS (1890-1901); GOODRICH & SCHALIE (1937); MORRISON (1973).

Comentarios: Los juveniles tienen conchas delgadas, marrón claro o rojizas, luego haciéndose negras y más convexas.

Esta especie ha sido recolectada por nosotros fuera del área de estudio en localidades varias de los departamentos de Estelí, Ocotal, Boaco, Matagalpa y en la RAAN.

Constituye un nuevo registro para la malacofauna continental de Nicaragua.

Pachychilus oerstedi Mörch, 1860

Pachychilus oerstedi Mörch, 1860. Malak. Blatt., vii, p. 79.

Localidad tipo: Segovia, Nicaragua (MARTENS, 1890-1901).

Extensión geográfica: Plan y Omoa, Valle del Río Ulua, Honduras; cerca de Yzabal, Guatemala; Nicaragua (MARTENS, 1890-1901).

Descripción: Concha alargada cónica, opaca, muy sólida. La espira constituye aproximadamente 1/3 de la altura total de la concha. Color negro. Escultura de líneas radiales. Sutura leve. Ápice más bien agudo. Vueltas 5, más bien aplanadas excepto la vuelta del cuerpo, que es algo convexa. Base imperforada. Abertura aovada, de color blanco nacarado, se encuentra ubicada en posición latero-inferior con respecto a la concha. Peristoma simple y algo reflejado en su parte superior. Columela entera y engrosada. Protoconcha de una vuelta completamente erosionada en los ejemplares adultos.

Dimensiones: Alt. 47.73 mm, D. 21.30 mm, L. ab. 17.87 mm, A. ab. 11.13 mm.

Iconografía: (MARTENS, 1890-1901, C, L. 27, figs. 3-5).

Hábitat: Especie fluvial.

Referencias: MARTENS (1890-1901); MORRISON (1973).

Comentarios: Ha sido citado de Segovia, Matagalpa y Chontales, sin localidad precisa consignada por MARTENS (1890-1901). Esta especie se distribuye en ríos y arroyos de la región Centro-Norte de Nicaragua. La localidad de la zona de estudio donde hemos hallado *P. oerstedi*, posiblemente sea de las más sureñas de la especie, y cercana a donde comienza el ámbito de distribución de *P. largillierti*, una especie eminentemente del Pacífico.

Pachychilus subnodosus Philippi, 1847

Melania subnodosa Philippi, 1847. P. 173; pl. 4, fig. 18.- Brot, 1874; in Martini & Chemnitz, Syst. Conch. Cab. (Melaniaceen): 29; pl. 3, fig. 5.

Localidad tipo: No dada.

Extensión geográfica: Nicaragua, Dept. Managua: Managua (MARTENS, 1899).

Distribución geográfica: Nicaragua, Dept. Managua: Managua (MARTENS, 1899).

Hábitat: Especie Fluviátil.

Referencias: MARTENS, 1899

Comentarios: De acuerdo a nuestros datos esta especie no ha sido recolectada en el área de estudio posteriormente a su primera cita.

FAMILIA Physidae Fitzinger, 1833

Aplexa nicaraguana (Morelet, 1851)

Physa nicaraguana Morelet, 1851. Test. Noviss., ii, p. 16.

Localidad tipo: Lago de Nicaragua, s.l.p.c. (MARTENS, 1890-1901).

Extensión geográfica: Nicaragua (MARTENS, 1890-1901).

Descripción: Concha ovalada-alargada, opaca y más bien frágil. La espira constituye aproximadamente 1/5 de la altura total de la concha. Color marrón. Presenta bandas verticales finas (ca. 1 mm) y blancas. La separación entre las bandas es 3 veces más ancha que el ancho de las bandas. Estas bandas son arqueadas, discontinuas y no atraviesan verticalmente toda la superficie de la vuelta, quedando interrumpidas, principalmente en la vuelta del cuerpo. También presenta una banda subsutural amarillenta. Escultura de líneas radiales de crecimiento. Sutura marcada. Ápice agudo. Vueltas 4, primeras vueltas más bien aplanadas y vuelta del cuerpo algo convexa. Crecimiento rápido. Base imperforada. Abertura alargadamente aovada, sinistrorsa, constituye ¾ de la altura total de la concha; ubicada en posición lateral. Peristoma simple y no reflejado. Columela entera y engrosada. Protoconcha de color marrón, suele estar dañada y sin periostraco en la mayoría de los ejemplares adultos y subadultos; una vuelta.

Dimensiones: D. 14.24 mm, Alt. 27.25 mm, L. ab. 18.84 mm, A. ab. 6.61 mm.

Dimensiones: (n= 22).

Variable	X	Mínimo	Máximo	Rango	DS
Altura	25.7	24.9	27.25	2.35	1.28
Diámetro	14.05	12.8	15.3	2.5	1.76

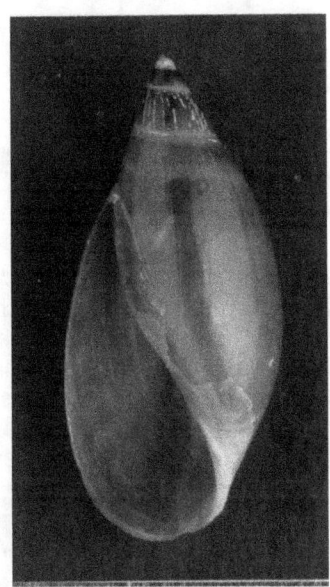

Iconografía: MARTENS (1890-1901, C).

Hábitat: Especie fluvial.

Referencias: MARTENS (1890-1901).

Comentarios: Esta especie ha sido reasignada por nosotros al género *Aplexa* Fleming, 1820, por presentar el borde del manto no digitado, ya que según BURCH (1989), *Physa* es un género que se distribuye en solamente Canadá y los Estados Unidos y las especies del neotrópico deben ser reasignadas dentro de los géneros *Physella* y *Aplexa*.

Es una especie endémica de Nicaragua. Como sólo era conocida de la localidad tipo, las localidades aportadas en el presente trabajo amplían notablemente su ámbito de distribución.

"Physa" squalida Morelet, 1851

Physa squalida Morelet, 1851. Test. Noviss., ii, p. 16.

Localidad tipo: Río Usumacinta, Tabasco, México (MARTENS, 1890-1901).

Extensión geográfica: México y Nicaragua (MARTENS, 1890-1901).

Descripción: Concha alargada-aovada, opaca, moderadamente sólida. La espira constituye algo más de 1/8 de la altura total de la concha. Color marrón oscuro. Escultura de finas líneas radiales. Sutura marcada. Ápice moderadamente agudo. Vueltas 4.5, convexas. Base imperforada. Abertura ampliamente aovada, ubicada en posición paralela respecto a la concha. Peristoma simple y moderadamente reflejado en su parte superior. Columela entera, engrosada y formando un callo columelar. Protoconcha de color marrón claro, con escultura de líneas finas radiales y 2 vueltas.

Dimensiones: Alt. 8.37 mm, D. 5.24 mm, L. ab. 6.19 mm, A. ab. 2.75 mm.

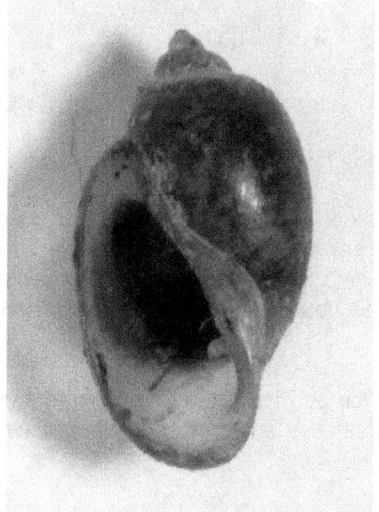

Iconografía: No encontrada.

Hábitat: Especie fluvial.

Referencias: TE (1975); BURCH (1989).

Comentarios: Esta especie no ha podido ser reasignada dentro de los géneros válidos actualmente (*Aplexa* y *Physella*) por no disponer de material fresco. Los caracteres de separación entre ambos géneros radican en la presencia o no de proyecciones digitiformes en el borde del manto.

Ha sido citada por MARTENS (1890-1901) del Río Fula; de Granada, sin localidad precisa consignada, de Río San Juan, también sin localidad precisa consignada, y de los Rápidos del Toro.

FAMILIA Planorbidae Rafinesque, 1815

Biomphalaria havanensis (Pfeiffer, 1839)

Tropicorbis havanensis Pfeiffer, 1839. Archiv. F. Naturg., i, pp. 346-358.

Localidad tipo: La Habana, Cuba (AGUAYO, 1938).

Extensión geográfica: México, Sur de USA, Las Antillas (MALEK, 1969).

Descripción: Concha discoidal, opaca, sólida. Espira hundida. Color marrón-córneo. Escultura de líneas radiales muy unidas surcadas por líneas espirales finas. Sutura profunda. Ápice hundido. Vueltas 5.5, convexas. Base perforada. Abertura en forma de D, paralela a la concha y muy levemente deflecta hacia arriba. Peristoma simple y no reflejado. Columela entera.

Dimensiones: Alt. 2.92 mm, D. 7.58 mm, L. ab. 2.43 mm, A. ab. 1.59 mm.

Dimensiones: (n= 4).

Variable	X	Mínimo	Máximo	Rango	DS
Altura	2.76	2.4	3.4	1	0.35
Diámetro	7.7	6.5	9.6	3.1	1.32

Iconografía: MALEK (1962, C); HARRY & HUBENDICK (1964, C, figs. 105-107, 149-155); MALEK (1969, C, G).

Hábitat: Especie fluvial.

Referencias: MALEK (1962, 1969); RICHARDS (1963).

Comentarios: La confirmación de la identidad de esta especie queda pendiente del estudio del aparato genital que, según MALEK (1969) y POINTIER (com pers.), entre otros autores, es imprescindible en este grupo.

Individuos de *Biomphalaria havanensis* de la Isla de Granada en el Caribe fueron encontrados susceptibles a ser infectados por *Schistosoma mansoni* por RICHARDS (1963).

Esta especie constituye un nuevo registro para la malacofauna continental de Nicaragua.

Helisoma caribaeum (Orbigny, 1841)

Planorbis caribaeum Orbigny, 1845 in Sagra's. Hist. Fis. Polit. y Nat. Cuba, 5, Moluscos, p. 103, L. 13, figs. 17-19

Localidad tipo: Havana, Cuba [ORBIGNY (1845), según MARTENS (1890-1901)].

Extensión geográfica: Texas en USA, México, Guatemala, Nicaragua, Las Antillas (MARTENS, 1890-1901).

Descripción: Concha discoidal, opaca, sólida. Espira hundida. Color blanco-córneo. Escultura de líneas finas radiales. Sutura profunda. Ápice algo hundido. Vueltas 4.5-5, aplanadas las internas; la vuelta del cuerpo angulosa en los bordes superior e inferior. Base umbilicada. Abertura semicircular, ubicada en posición paralela con respecto a la concha. Peristoma simple y no reflejado. Columela entera. Protoconcha de color blanco-córneo y escultura de finas líneas radiales. Dimensiones: Alt. 6.88 mm, D. 14.88 mm, L. ab. 6.03 mm, A. ab. 4.28 mm.

Dimensiones: (n= 4).

Variable	X	Mínimo	Máximo	Rango	DS
Altura	8.12	6.88	10.6	3.72	1.85
Diámetro	19.16	14.88	24.5	9.62	4.78

Iconografía: MARTENS (1890-1901, C); SCHALIE (1948, C, L. 9, fig. 1); MALEK (1962, p. 54, P, fig. 25-b; C, fig. 41-f); SABELLI (1979, C + A, p. 348, fig. s/n).

Hábitat: Especie fluvial.

Referencias: PILSBRY (1934).

Comentarios: Esta especie ha sido citada por MARTENS (1890-1901) del lago de Nicaragua, sin localidad precisa consignada.

Helisoma nicaraguanus (Morelet, 1851)

Planorbis nicaraguanus Morelet, 1851. Test. Noviss., ii, p.14.

Localidad tipo: Lago de Nicaragua, s.l.p.c. (MARTENS, 1890-1901).

Extensión geográfica: Nicaragua (MARTENS, 1890-1901).

Descripción: Concha discoidal, translúcida, más bien sólida. Espira hundida. Color blanco-córneo hasta rojizo córneo. Escultura de líneas radiales finas y oblicuas. Sutura profunda. Ápice hundido. Vueltas 6, moderadamente convexas excepto la vuelta del cuerpo que es convexa. Base umbilicada. Abertura en forma de D, ubicada en posición paralela respecto de la concha. Peristoma simple y no reflejado. Columela entera, con presencia de un callo columelar. Protoconcha de color blanco-córneo, escultura de líneas radiales finas y oblicuas.

Dimensiones: Alt. 2.91 mm, D. 8.40 mm, L. ab. 2.37 mm, A. ab. 2.07 mm.

Dimensiones: (n= 6).

Variable	X	Mínimo	Máximo	Rango	DS
Altura	2.46	2.1	2.91	0.81	0.32
Diámetro	7.96	7.4	8.6	1.2	0.50

Iconografía: MARTENS (1890-1901, C).

Hábitat: Especie fluvial.

Referencias: MARTENS (1890-1901); BURCH (1989).

Comentarios: *H. nicaraguanus* se diferencia de *H. caribaeum* en que presenta una concha translúcida y de tamaño bastante menor que esta última.

Además de la localidad tipo, esta especie fue citada por MARTENS (1890-1901) de Rio San Juan, sin localidad precisa consignada.

FAMILIA Ancylidae Rafinesque, 1815

Hebetancylus excentricus (Morelet, 1851)

Ancylus excentricus Morelet, 1851. Test. Noviss., ii, p.17.

Localidad tipo: No consignada en la bibliografia consultada.

Extensión geográfica: Centro América, y Georgia, Florida y Texas en USA (MARTENS, 1890-1901).

Descripción: Concha pateliforme, opaca, muy frágil. Color amarillo-córneo. Escultura de líneas concéntricas. Ápice subagudo, ubicado a la derecha de la línea central.

Dimensiones: Longitud. 3.68 mm, Alt. 1.09 mm, Ancho. 2.74 mm.

Dimensiones: (n= 5).

Variable	X	Mínimo	Máximo	Rango	DS
Altura	1.3	1	1.5	0.5	0.22
Longitud	4.5	3.68	4.8	1.12	0.43

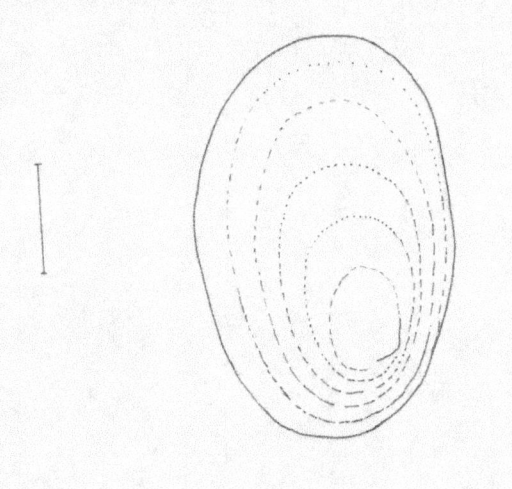

Iconografía: TURNER (1978, C, figs. 2, 3); BURCH (1989, C, figs. 762, 769).

Hábitat: Es una especie fluvial.

Referencias: MARTENS (1890-1901); BURCH (1989).

Comentarios: Este molusco tiene una distribución amplia, habiendo sido citado desde Texas a Costa Rica. TATE (1870) lo citó de San Nicolás (UTM 16PFJ6144) y San Agustín, distrito de Chontales. Esta última localidad no ha podido ser confirmada por nosotros.

FAMILIA Vertiginidae Fitzinger, 1833

Bothriopupa conoidea (Newcomb, 1853)

Pupa conoidea Newcomb *in* Pfeiffer, 1853. Monog. Hel. Viv., iii, p. 533.

Localidad tipo: Demerara, Venezuela (PILSBRY, 1916-1918).

Extensión geográfica: Nicaragua (LÓPEZ & PÉREZ, 1996).

Descripción: Concha de forma cónico-cilíndrica, opaca, delgada. La espira constituye algo más de 1/3 de la altura total de la concha. Color marrón. Escultura de costillas radiales irregularmente espaciadas y que atraviesan completamente la vuelta desapareciendo antes de llegar a la sutura inferior. Sutura profunda. Ápice obtuso. Vueltas 4.25, convexas. Base perforada. Abertura semicircular, ubicada inferiormente con respecto a la concha. Presenta una lamela columelar pequeña, una lamela parietal y una plica basal grande. Peristoma reflejado y no engrosado. Columela entera. Protoconcha de color marrón, escultura lisa, vueltas 1.75.

Dimensiones: Alt. 2.12 mm, D. 1.50 mm, L. ab. 0.48 mm, A. ab. 0.72 mm.

Dimensiones: (n= 28).

Variable	X	Mínimo	Máximo	Rango	DS
Altura	1.83	1.5	2.2	0.7	0.18
Diámetro	1.31	1.2	1.5	0.3	0.07

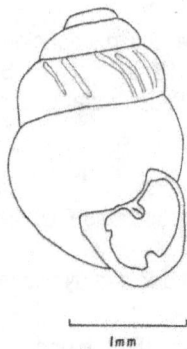

1 mm

Iconografía: PILSBRY (1916-1918, C, L. 28, figs. 7, 8, 11).

Hábitat: Orillas de carreteras, caminos secundarios, ríos y puentes, terrenos de pastoreo y plantaciones. Vegetación de sabanas, bosques bajos sabaneros con matorral abundante, bosques bajos o medianos caducifolios secundarios, bosques bajos o medianos sub-caducifolios, bosques de galería, y bosques medianos o altos sub-perennifolios. Suelos con hojarasca, humus o arena volcánica; húmedos y secos, sueltos o compactos. Iluminación de sol filtrado, parches de sol o umbra.

Referencias: PILSBRY (1916-1918).

Comentarios: De las mismas dimensiones que *B. tenuidens,* de la cual se diferencia por los cuatro dientes y el perfil muy globoso que presenta ésta última.

Bothriopupa tenuidens (C. B. Adams, 1845)

Pupa tenuidens C. B. Adams, 1845. Proc. Boston Soc. Nat. Hist., 12, p. 15.

Localidad tipo: Cariaquita, Venezuela [ADAMS (1845), según PILSBRY (1916-1918)].

Extensión geográfica: Jamaica, Cuba, Venezuela (PILSBRY, 1916-18); Puerto Rico (SCHALIE, 1948)

Descripción: Concha cónico-cilíndrica, opaca, delgada. La espira constituye algo más de 1/3 de la altura total de la concha. Color marrón. Escultura de costillas radiales oblicuas dispuestas más o menos regularmente que desaparecen en la última vuelta y hoyitos dispuestos irregularmente sobre la superficie de la concha. Sutura profunda. Ápice obtuso. Vueltas 4.5, convexas. Base perforada. Abertura semicircular, ubicada inferiormente con respecto a la concha. Presenta una lamela parietal grande ligeramente torcida, una lamela columelar, una plica basal y una plica palatal. Peristoma no engrosado y reflejado excepto en su parte externa media que está algo arqueada hacia adentro. Columela entera. Protoconcha de color marrón, con escultura de hoyitos, vueltas 1.75.

Dimensiones: Alt. 1.85 mm, D. 1.27 mm, L. ab. 0.38 mm, A. ab. 0.53 mm.

Dimensiones: (n= 11).

Variable	X	Mínimo	Máximo	Rango	DS
Altura	1.75	1.5	2	0.5	0.14
Diámetro	1.2	1.2	1.3	0.1	0.04

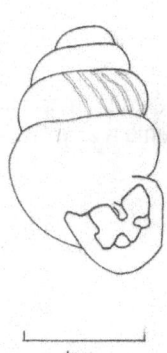

1mm

Iconografía: ADAMS (1845, C); PILSBRY, (1916-1918, C, L. 29, figs. 5-7); SCHALIE (1948, C, L. 3, fig. 3).

Hábitat: Orillas de puentes, ríos y carreteras; en plantaciones y cauces. Vegetación de sabanas, bosques medianos caducifolios secundarios y bosques de galería. Suelos de tierra con o sin hojarasca, humus, arcilla o arena; húmedos. Iluminación de sol filtrado o umbra.

Referencias: PILSBRY (1916-1918).

Comentarios: Las localidades constituyen un nuevo registro para la malacofauna continental de Nicaragua y aumentan notablemente el área de distribución de la especie.

Fuera del área de estudio ha sido recolectada en localidades varias del departamento de Matagalpa y en la Reserva de Bosawás, departamento de Jinotega.

Columella polvonensis (Pilsbry, 1894)

Pupa polvonense Pilsbry, 1894. Proc. Acad. Nat. Sci. Phila., 46: 31; pl. 1, fig. 11.

Localidad tipo: Polvón, Dept. Chinandega, Nicaragua. Holotype ANSP 5096.

Extensión geográfica: Nicaragua: known only from the type locality.

Distribución geográfica: Solo citada de la localidad tipo.

Hábitat: Especie terrestre.

Referencias: MARTENS (1890-1901).

Comentarios: De acuerdo a nuestros datos esta especie no ha sido recolectada en el área de estudio posteriormente a su primera cita.

Pupisoma dioscoricola (C.B. Adams, 1845)

Helix dioscoricola C.B. Adams, 1845. Proc. Boston Soc. Nat. Hist., l2, p. 16.

Localidad tipo: Jamaica [ADAMS (1845), según MARTENS (1890-1901)].

Extensión geográfica: Sur de la Florida y Sur de Texas hasta Brasil, Sur de USA, América Central, Las Antillas y Norte de América del Sur (PILSBRY, 1919-1920); Isla Chatham, Galapagos (SMITH, 1971).

Descripción: Concha cónico-globosa, opaca y frágil. La espira constituye alrededor de 1/4 de la altura total de la concha. Color marrón. Escultura de costillas radiales oblicuas más bien regularmente espaciadas y dentro de ellas estrías más finas también radiales y oblicuas. Las costillas radiales están surcadas por líneas espirales muy finas y difíciles de observar. Sutura profunda. Ápice obtuso. Vueltas 3.5, convexas. Crecimiento rápido. Base perforada. Abertura más bien redonda, deflecta respecto a la concha. Peristoma simple y no reflejado. Columela entera, dilatada en su parte superior y afinándose hacia la base. Color blanquecino. Protoconcha de color marrón, escultura de granulaciones que forman estrías, dos vueltas.

Dimensiones: Alt. 1.80 mm, D. 1.66 mm, L. ab. 0.82 mm, A. ab. 0.81 mm.

Dimensiones: (n= 11).

Variable	X	Mínimo	Máximo	Rango	DS
Altura	1.8	1.6	2.3	0.7	0.21
Diámetro	1.65	1.5	2	0.5	0.18

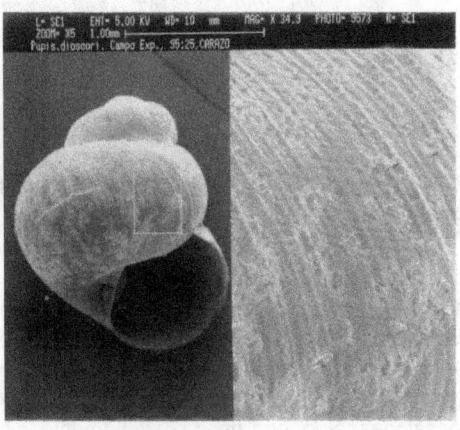

Iconografía: PILSBRY (1919-20, C, L. 4. figs. 1-5); SCHALIE (1948, C, L. 3, fig. 2); BURCH (1962, C).

Hábitat: Orillas de carreteras, caminos secundarios, orillas de ríos, quebradas y plantaciones. Vegetación de matorrales espinosos, bosques de galería, bosques bajos o medianos caducifolios secundarios y subcaducifolio secundario. Suelos de tierra con hojarasca y humus o arena; húmedos y secos, sueltos o compactos. Iluminación de sol filtrado, parches de sol y umbra.

Referencias: PILSBRY (1919-1920); SCHALIE (1948).

Comentarios: *Pupisoma dioscoricola* ha sido referida por algunos autores al género *Thysanophora* Strebel & Pfeffer, 1880, por semejanza aparente, pero según PILSBRY (1919-1920) las protoconchas son completamente diferentes: en *Thysanophora* presenta escultura radial y en *Pupisoma* una superficie punteada.
En los lotes de esta especie suelen aparecer ejemplares con la escultura más marcada que podrían ser identificados como *Pupisoma dioscoricola insigne* Pilsbry, 1919, la cual, según su autor, sólo se diferencia de la especie nominal en presentar una escultura de costillas más acentuadas.

Teniendo en cuenta que este "morfo" no cumple con la premisa de separación geográfica que muchos autores aceptan como necesaria para la existencia de subspecies (vid. MAYR & ASHLOCK, 1993, WILSON, 1994, etc), así como por tratarse de un carácter que varía en intensidad intrapoblacionalmente, hemos decidido no considerar la existencia de la citada subespecie en nuestro material.

Esta especie constituye un nuevo registro para la malacofauna continental de Nicaragua.

Pupisoma minus Pilsbry, 1920

Pupisoma minus Pilsbry, 1920. Man. Conch., 25, pp. 40-41, L. 4, figs. 9, 11.

Localidad tipo: Florida, USA (PILSBRY, 1919-1920).

Extensión geográfica: Florida, Guatemala, Jamaica (PILSBRY, 1919-1920); Puerto Rico (SCHALIE, 1948).

Descripción: Concha heliciforme-cónica, opaca, frágil, más bien brillante. La espira constituye algo menos de 1/3 de la altura total de la concha. Color marrón. *Escultura granulosa-vermiculada.* Sutura profunda. Ápice obtuso. Vueltas 4, convexas. Base perforada. Abertura más bien aovada, ubicada en posición inferior con respecto a la concha. Peristoma simple y no reflejado. Columela entera, de color blanco, en ocasiones algo engrosada y levemente dilatada en su parte superior y afinándose hacia abajo. Protoconcha de color marrón claro, escultura granulosa, vueltas 1.

Dimensiones: Alt. 1.18 mm, D. 1.07 mm, L. ab. 0.62 mm, A. ab. 0.40 mm.

Dimensiones: (n= 5).

Variable	X	Mínimo	Máximo	Rango	DS
Altura	1.12	1	1.2	0.2	0.08
Diámetro	1.1	1.07	1.12	0.05	0

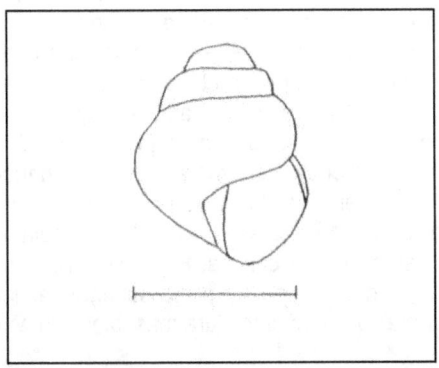

Iconografía: PILSBRY (1919-20, C, L. 4, figs. 9, 11); SCHALIE (1948, C, L. 3, fig. 1); BURCH (1962, C).

Hábitat: Orillas de caminos secundarios y orillas de ríos, en vegetación de bosques bajos sabaneros con matorral abundante, bosques de galería y en bosques medianos a altos perennifolios. Suelos secos sueltos y húmedos, cubiertos con hojarasca y humus. Iluminación de sol filtrado a penumbra.

Referencias: PILSBRY (1919-20); SCHALIE (1948).

Comentarios: Se diferencia de *P. dioscoricola* por no tener estrías espirales ni costillas radiales y por su tamaño algo más pequeño.

Constituye un nuevo registro para la malacofauna continental de Nicaragua.

Sterkia antillensis Pilsbry, 1920

Sterkia antillensis Pilsbry, 1919-1920. Man. Conch., 26, p. 53, L. 6, figs. 8-11.

Localidad tipo: El Abra, Viñales, Cuba (PILSBRY, 1919-1920).

Extensión geográfica: Jamaica (PILSBRY, 1919-1920); Venezuela (ARIAS, 1955); Florida, California (ZILCH, 1959-60).

Descripción: Concha cilíndrica, translúcida, frágil y más bien brillante. La espira constituye algo menos de 1/3 de la altura total de la concha. Color marrón. Escultura de arrugas radiales oblicuas. Sutura profunda. Ápice obtuso. Vueltas 5, más bien convexas. Base perforada. Abertura más bien cuadrangular. Presenta una lamela parietal grande y más bien recta, algo inclinada hacia la zona palatal y ubicada hacia el interior de la abertura. Lamela angular grande, ubicada en el propio borde del peristoma. Plica palatal superior también grande y ubicada apuntando hacia el espacio entre las lamelas angular y parietal. Plica basal más baja y ubicada hacia el interior de la abertura. Lamela columelar grande y algo cubierta por la dilatación de la parte superior de la columela. Abertura ubicada en posición inferior con respecto a la concha. Peristoma algo engrosado y reflejado. Columela entera y algo dilatada en su parte superior; afinándose hacia abajo. Protoconcha de color marrón claro, escultura más bien lisa, vueltas 1.25.

Dimensiones: Alt. 1.99 mm, D. 1.03 mm, L. Ab. 0.57 mm, A. ab. 0.41 mm.

Dimensiones: (n= 13).

Variable	X	Mínimo	Máximo	Rango	DS
Altura	1.88	1.7	2.1	0.4	0.12
Diámetro	1.03	1	1.2	0.2	0.06

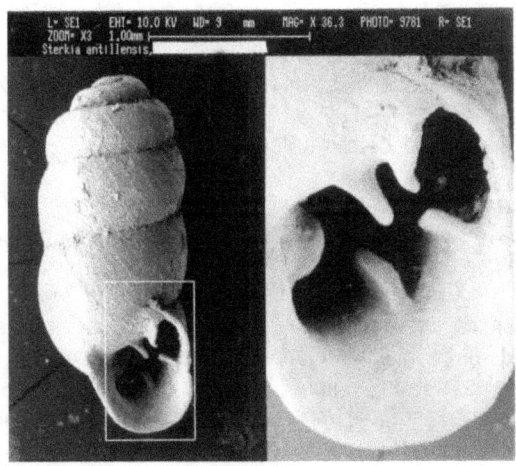

Iconografía: PILSBRY (1919-20, C, L. 6, figs. 8-11); ARIAS (1955, C, figs. 7a, 7b); ZILCH (1959-60, C, p. 154, fig. 526).

Hábitat: Orillas de carreteras, caminos secundarios y ríos. Vegetación de sabanas, bosques bajos sabaneros con matrorral abundante, bosques de galería, bosques bajos o medianos caducifolios secundarios y arboledas. Suelos de tierra con hojarasca y humus; húmedos o secos compactos. Iluminacion de sol abierto, sol filtrado, parches de sol y umbra.

Referencias: PILSBRY (1920); ARIAS (1955).

Comentarios: Esta especie constituye un nuevo registro para la malacofauna continental de Nicaragua.

Vertigo milium (Gould, 1840)

Pupa milium Gould, 1840. Boston Journ. nat. Hist., iii, p. 402, L. 3, f. 23.

Localidad tipo: Oak Island, cerca de Boston, USA (PILSBRY, 1919-20).

Extensión geográfica: Cleveland, Ohio; Maine a Florida, Sur de USA hasta México; Jamaica; Bermuda (PILSBRY, 1919-1920); Dakota Sur y Arizona (BURCH, 1962); Nicaragua (LÓPEZ & PÉREZ, 1998).

Descripción: Concha ovalada-cónica, opaca y reluciente. La espira constituye aproximadamente 1/2 de la altura total de la concha. Color marrón claro. Escultura de estrías radiales leves. Sutura marcada. Ápice obtuso. Vueltas 4.5, moderadamente convexas. Base imperforada. Abertura trapezoidal, con 6 dientes. Lamela angular corta, interior a la inserción del peristoma. Lamela parietal larga, entrando profundamente en la abertura. Lamela columelar semicircular, inicialmente horizontal. Plica palatal inferior ligeramente inmersa, delgada, curvada hacia abajo. Plica basal corta, algo inmersa. A veces se presenta un pliegue suprapalatal pequeño y tubercular. Abertura en posición inferior respecto a la concha. Peristoma algo expandido. Columela entera. Protoconcha de color marrón claro, escultura lisa, vueltas 1.

Dimensiones: Alt. 1.5 mm, D. 0.9 mm.

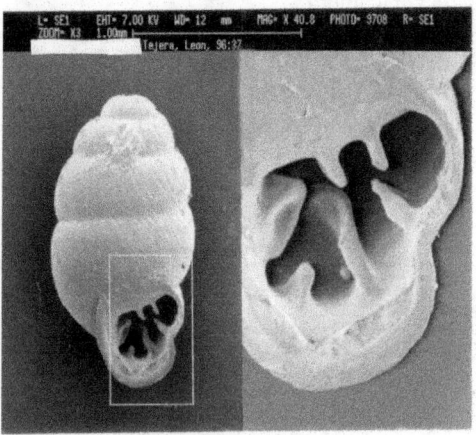

Iconografía: PILSBRY (1919-20, L. 13, figs. 1-7); ZILCH (1959-60, C); BURCH (1962, C, p. 56, fig. 110).

Hábitat: Una arboleda a orillas de la carretera. Suelo de tierra con hojarasca; húmedo. Iluminación del sol filtrado.

Referencias: PILSBRY (1919-20); BURCH (1962); LÓPEZ & PÉREZ (1998).

Comentarios: La concha aquí estudiada, así como los ejemplares recolectados por nosotros en la región Centro-Norte del país, son algo más globulares que los observados en las ilustraciones de PILSBRY (1919-20).

Esta especie ha sido citada desde Canadá y el norte de los Estados Unidos hasta el sur de México. Nuestros registros de Nicaragua (confirmados por Fred Thompson, Museo de Historia Natural, Universidad de Gainsville) le confieren la mayor amplitud de ámbito entre los pupílidos.

Constituye un nuevo registro para la malacofauna continental de Nicaragua y es una especie cuyo punto de distribución más sureño, hasta el presente, es el aquí citado. En otras zonas de la región montañosa Centro-Norte de Nicaragua es una especie más o menos abundante y de distribución más bien amplia.

FAMILIA Pupillidae Turton, 1831

Pupilla oerstedi (Mörch, 1859)

Pupa (Pupilla) oerstedii Mörch, 1859. Malak. Blätt. vi. p. 111.

Localidad tipo: No consignada.

Extensión geográfica: Nicaragua, slpc.

Distribución geográfica: Nicaragua, slpc.

Hábitat: Especie terrestre.

Referencias: MARTENS (1890-1901).

Comentarios: De acuerdo a nuestros datos esta especie no ha sido recolectada en el área de estudio posteriormente a su primera cita.

Gastrocopta geminidens (Pilsbry, 1917)

Bothriopupa geminidens Pilsbry, 1916-1918. Man. Conch., 24, pp. 228-229, L. 28, figs. 12, 13, 14.

Localidad tipo: Cariaquita, Venezuela (PILSBRY, 1916-1918).

Extensión geográfica: Cariaquita, Venezuela (PILSBRY, 1916-1918); San Juan, Venezuela (ARIAS, 1955); Guanacaste, Costa Rica (LÓPEZ, com. pers.).

Descripción: Concha cónica, opaca y más bien frágil. La espira constituye algo menos de ½ de la altura total de la concha. Color marrón claro. Escultura de líneas radiales oblicuas. Sutura profunda. Ápice medianamente agudo. Vueltas 4.5, convexas. Base perforada. Abertura más bien rectangular. Lamelas parietal y angular fusionadas, ambas ubicadas casi al nivel del peristoma; la lamela angular más pequeña y arqueada hacia la zona palatal, la lamela parietal grande y arqueada hacia la zona columelar; plica palatal superior de tamaño medio; plica basal de mas o menos igual tamaño a la anterior; entre ambas se presenta un dentículo infrapalatal. Lamela columelar grande e inclinada hacia la zona basal. En algunos ejemplares se presenta un dentículo infraparietal y otro subcolumelar. Abertura ubicada en posición latero-inferior. Peristoma simple y reflejado. Columela entera. Protoconcha color marrón claro, con escultura de líneas radiales oblicuas y maleaciones, vueltas 1.25.

Dimensiones: Alt. 1.64 mm, D. 1.09 mm, L. ab. 0.48 mm, A. ab. 0.35 mm.

Dimensiones: (n= 16).

Variable	X	Mínimo	Máximo	Rango	DS
Altura	1.51	1.32	1.68	0.36	0.10
Diámetro	1.01	0.9	1.12	0.22	0.05

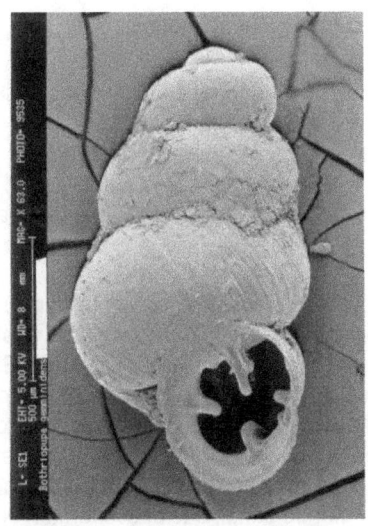

Iconografía: PILSBRY (1916-1918, C, L. 28, figs. 12, 13, 14); ARIAS (1955, C); ZILCH (1959-60, C).

Hábitat: Orillas de carreteras, caminos secundarios, terrenos de pastoreo, canteras, plantaciones y tierra amontonada. Vegetación de sabanas, bosques bajos sabaneros con matorral abundante, bosques de galería y bosques medianos o altos subperennifolios. Suelos de tierra con o sin hojarasca, arcillosos o arenosos; húmedos o secos sueltos. Iluminación de sol abierto, sol filtrado y parches de sol.

Referencias: PILSBRY (1916-1918).

Comentarios: *G. geminidens* se diferencia de *Gastrocopta gularis* Thompson & López, 1996, en que tiene un perfil algo más triangular que esta última especie y en ella la lamela parietal es más larga que la lamela angular; en cambio en *G. gularis* ambas lamelas son más o menos del mismo tamaño. En ambas especies se aprecia la discontinuidad entre las lamelas angular y parietal, a diferencia de *G. pellucida* y *G. servilis* en las que ambas lamelas se presentan muy fusionadas y son de tamaño más pequeño.

Esta especie constituye un nuevo registro para la malacofauna continental de Nicaragua.

Gastrocopta gularis Thompson & López, 1996

Gastrocopta gularis Thompson & López, 1996. Malacol. Bull., 13(1/2), pp. 47-53.

Localidad tipo: Laguna de Xiloá, Nicaragua (THOMPSON & LÓPEZ, 1996).

Extensión geográfica: Noroeste de Costa Rica, Nicaragua (THOMPSON & LÓPEZ, 1996).

Descripción: Concha subcilíndrica, medianamente translúcida, frágil, brillante. La espira constituye aproximadamente ½ de la altura total de la concha. Color marrón. Escultura de líneas finas radiales oblicuas. Sutura profunda. Ápice moderadamente obtuso. Vueltas 5.5, convexas. Base perforada. Abertura de forma trapezoidal, ubicada en posición inferior con respecto a la concha. Presenta 7 dientes profundamente inmersos. Un tubérculo adicional puede estar presente en algunos ejemplares. Las lamelas parietal y angular son fuertes y paralelas, y entre ellas discurre un profundo canal; sus bases forman un contrafuerte unido. La lamela angular se proyecta levemente hacia delante del peristoma en vista lateral y en este punto se curva hacia la derecha. Esta lamela se extiende casi desde el margen del peristoma hasta bastante profundo dentro de la abertura y es la más alta hasta justo cuando se une a la lamela parietal. La lamela parietal comienza más profundamente dentro de la abertura; es baja anteriormente y es más alta posterior al punto donde se une con la lamela angular. La lamela columelar es igualmente fuerte y se extiende hacia fuera casi hasta la lamela parietal. Profundamente dentro de la abertura, y en el borde de la columela ésta se dobla en un angulo recto hacia la base de la concha. El pliegue basal se encuentra profundo dentro de la abertura, es alto y plano encima, y se dispone transversalmente en relación con la abertura. La zona palatal presenta 3 plicas: una suprapalatal, una palatal superior y una palatal inferior. La plica suprapalatal es pequeña, tubercular y se ubica debajo y levemente retirada hacia la plica suprapalatal. La plica palatal superior es más alargada y se ubica debajo y levemente retirada hacia la plica suprapalatal. La plica palatal inferior se ubica en el centro de la zona palatal y por debajo del surco externo; es recta o levemente gibosa, más alta en su extremo anterior y se extiende internamente por alrededor de ¼ de vuelta, donde vuelve a agrandarse de nuevo. Un tubérculo pequeño subpalatal usualmente está presente anterior a la plica inferior y ligeramente debajo de ésta. Peristoma algo engrosado y reflejado. Columela entera. Protoconcha de color marrón, escultura de líneas radiales oblicuas, vueltas 1.

Dimensiones: Alt. 2.20 mm, D. 1.03 mm, L. ab. 0.52 mm, A. ab. 0.33 mm.

Dimensiones: (n= 25).

Variable	X	Mínimo	Máximo	Rango	DS
Altura	2.14	2	2.6	0.6	0.17
Diámetro	1.04	1	1.2	0.2	0.08

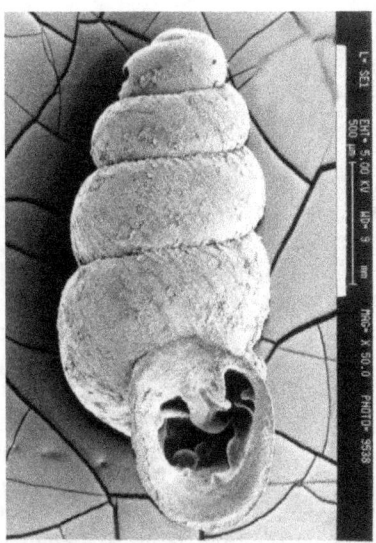

Iconografía: THOMPSON & LÓPEZ (1996, C, figs. 5-8, 15-19, 21, 25).

Hábitat: Orillas de ríos, puentes y caminos secundarios. Vegetación de sabanas, sabanas de jícaros, bosques caducifolios secundarios, bosques de galería y bosques medianos o altos perennifolios. Suelo de tierra con hojarasca, humus, grava volcánica y arena; húmedos y secos sueltos o compactos. Iluminación de sol abierto, sol filtrado, penumbras o umbra.

Referencias: THOMPSON & LÓPEZ (1996).

Comentarios: *G. gularis* se encuentra en la región costera del Pacífico de Nicaragua y Costa Rica.

Gastrocopta pellucida (Pfeiffer, 1841)

Pupa pellucida Pfeiffer, 1841. Symb. hist. Helic., i, p. 46.

Localidad tipo: Cuba (MARTENS, 1890-1901).

Extensión geográfica: Bahamas, Cuba, Jamaica, Haití, Puerto Rico, Vieques y el este de México (MARTENS, 1890-1901); Nicaragua (PÉREZ & LÓPEZ, 1993c).

Descripción: Concha subcilíndrica, más bien opaca, frágil. La espira constituye algo menos de ½ de la altura total de la concha. Color marrón claro. Escultura de líneas radiales oblicuas. Sutura profunda. Ápice obtuso. Vueltas 4.5, medianamente convexas. Base perforada. Abertura en forma de D. Lamelas parietal y angular grandes y fusionadas; la angular se ubica más cercana al peristoma y está arqueada hacia la región palatal. La lamela parietal se ubica más internamente en la abertura y está arqueada hacia la zona columelar. Presenta una plica pequeña suprapalatal, una plica grande infrapalatal y una plica basal también grande. Estas tres últimas bien adentro de la abertura. Lamela columelar grande. Abertura en posición inferior respecto a la concha. Peristoma simple y reflejado. Columela entera. Protoconcha de color marrón claro, escultura lisa.

Dimensiones: Alt. 1.64 mm, D. 0.77 mm, L. Ab. 0.49 mm, A. ab. 0.34 mm.

Dimensiones: (n= 31).

Variable	X	Mínimo	Máximo	Rango	DS
Altura	2.06	1.5	2.6	1.1	0.29
Diámetro	0.95	0.7	1.2	0.5	0.14

Iconografía: PILSBRY (1916-18, C, L. 15, figs. 1-3, 5); SCHALIE (1948, C, L. 3, fig. 6); ARIAS (1955, C, fig. 5).

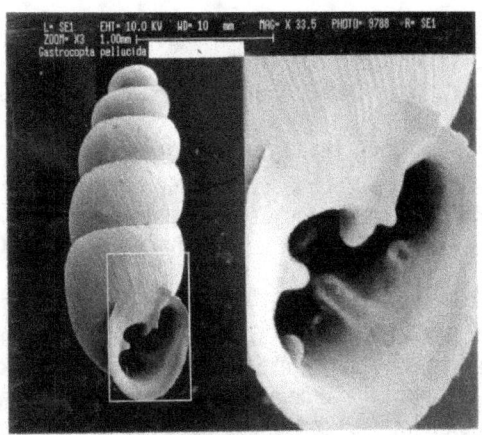

Hábitat: Plantaciones, orillas de carreteras, puentes y caminos secundarios. Vegetación de sabanas, bosques bajos sabaneros con matorral abundante, bosques bajos o medianos caducifolios, bosques de galería, bosques bajos de sitios inundados periódicamente y bosques medianos o altos perennifolios. Suelo con humus, tierra con o sin hojarasca, arena o humus; húmedos, sueltos o compactos. Iluminación de sol filtrado, parches de sol, penumbra o umbra.

Referencias: SCHALIE (1948); PILSBRY (1916-1918); ARIAS (1955).

Comentarios: En numerosas ocasiones la diferenciación entre *G. servilis* y *G. pellucida* puede ser muy difícil. Según PILSBRY (1916-1918), los caracteres que pueden tomarse como diferenciales son: 1) la forma, que es cilindro-oblongada para esta especie mientras que en *G. servilis* es algo más cónica; 2) el color, que es córneo en la forma típica, es decir, imperfectamente transparente, pero con la salvedad de que en ciertos suelos (rojos) el color de la cutícula puede variar; 3) en *G. pellucida* no hay cresta en la última vuelta, detrás del peristoma; 4) la escultura es más marcada que en *G. servilis* y, 5) la lámina angulo-parietal es bífida en cierto grado, de modo no muy destacado, pero más visible que en de *servilis*.

En nuestro material todos los criterios señalados por PILSBRY (op. cit.) han probado ser de utilidad en la separación de ambas especies (*G. pellucida y G. servilis*), excepto la coloración que ha resultado muy similar en ambas especies, y poco útil para las identificaciones.

Esta especie fue citada como nuevo registro para la malacofauna continental de Nicaragua por PÉREZ & LÓPEZ (1993c).

Fuera del área de estudio, también ha sido recolectada por nosotros en localidades varias del departamento de Matagalpa.

Gastrocopta pentodon (Say, 1821)

Vertigo pentodon Say, 1821. Journ. Acad. Nat. Sci. Phila., ii, p. 376.

Localidad tipo: Pennsylvania, USA [SAY (1821), según PILSBRY (1916-1918)].

Extensión geográfica: Este de los Estados Unidos y Canadá, y desde Nuevo México hasta Guatemala (PILSBRY, 1916-18); Nicaragua (LÓPEZ & PÉREZ, 1998).

Descripción: Concha subcilíndrica, más bien translúcida, frágil. La espira constituye algo menos de ½ de la altura total de la concha. Color marrón claro, córneo. Escultura de líneas finas radiales oblicuas. Sutura profunda. Ápice obtuso. Vueltas 4.5, moderadamente convexas. Base perforada. Abertura más bien cuadrangular. Presenta una lamela parietal grande, una plica palatal superior pequeña, una plica palatal inferior más bien grande y ancha, un dentículo subcolumelar y una lamela columelar de tamaño medio. Peristoma reflejado. Columela entera. Protoconcha de color marrón claro, córneo, vueltas 1.

Dimensiones: Alt. 1.56 mm, D. 0.96 mm, L. ab. 0.47 mm, A. ab. 0.35 mm.

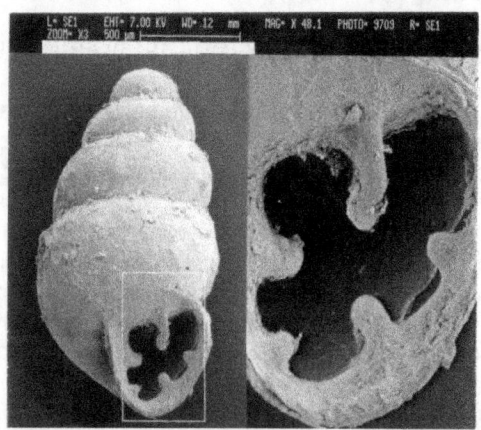

Iconografía: VANATTA & PILSBRY (1906, C, L. 6, 7, figs. 1-41); PILSBRY (1916-18, C, L. 3, figs. 2, 3, 5-8, L. 4, L. 5, figs. 28-41); BURCH (1962, C, fig. 105); BURCH & JUNG (1988, C, fig. 33, C + A, fig. 34).

Hábitat: Orillas de ríos, puentes y en caminos secundarios. Vegetación de sabanas, sabanas de jícaros, bosques caducifolios secundarios, bosques de galería y bosques medianos o altos perennifolios. Suelo de tierra con hojarasca, humus, grava volcánica y arena; húmedos y secos, sueltos o compactos. Iluminación de sol abierto, sol filtrado, penumbras o umbra.

Referencias: VANATTA & PILSBRY (1906); PILSBRY (1916-18); BURCH (1962).

Comentarios: Se diferencia claramente de todas las otras especies de *Gastrocopta* presentes en el área de estudio, en que no presenta lamela angular. Todas las otras especies del género presentes en el área de estudio, presentan una lamela parietal y una lamela angular.

Aunque solo se ha recolectado una concha en el área de estudio, más al norte, en los departamentos de Matagalpa y Jinotega, ha sido recolectada por nosotros en varias localidades y es relativamente abundante.

Esta especie ha sido recientemente citada como nuevo registro para la malacofauna continental de Nicaragua por LÓPEZ & PÉREZ (1998).

Gastrocopta servilis (Gould, 1843)

Pupa servilis Gould, 1843. Boston Journ. Nat. Hist., 4, p. 356, L. 16, fig. 4.

Localidad tipo: Cerca de la ciudad de Matanzas, Cuba (PILSBRY, 1916-18).

Extensión geográfica: Esta especie está muy extendida y se conoce de Bermuda, Las Antillas Mayores y Menores, Sto. Tomás, S. Juan, St. Croix, Antigua, y además de México a Panamá. Se ha encontrado en Río Macuto, Venezuela (PILSBRY, 1916-18); Nicaragua (PÉREZ & LÓPEZ, 1995c).

Descripción: Concha subcilíndrica, más bien translúcida y frágil. La espira constituye algo menos de ½ de la altura total de la concha. Escultura de líneas radiales oblicuas. Sutura profunda. Ápice obtuso. Vueltas 4.5, convexas. Base perforada. Abertura en forma de D. Lamelas parietal y angular grandes y muy unidas; la angular se ubica delante de la parietal y hacia el peristoma, estando algo inclinada hacia la región palatal. La lamela parietal se ubica al lado y detrás de la angular y está algo inclinada hacia la zona columelar. Lamela columelar grande y subcolumelar más pequeña. Plica palatal inferior también grande y plica suprapalatal pequeña. Abertura en posición inferior con respecto a la concha. Peristoma simple y reflejado. Columela entera. Protoconcha de color marrón claro, escultura de hoyitos pequeños, vueltas 1.

Dimensiones: Alt. 2.36 mm, D. 1.10 mm, L. Ab. 0.63 mm, A. ab. 0. 44 mm.

Dimensiones: (n= 119).

Variable	X	Mínimo	Máximo	Rango	DS
Altura	2.30	1.7	2.8	1.1	0.20
Diámetro	1.11	0.8	1.6	0.8	0.11

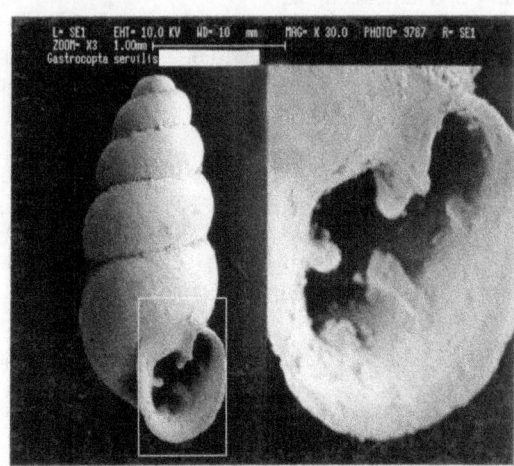

Iconografía: GOULD (1843, C, L. 16, fig. 4); SCHALIE (1948, C, L. 3, fig. 3); PILSBRY (1916-1918, C, p. 14, figs. 4, 5, 6, 7).

Hábitat: La mayoría de los asentamientos humanos considerados. Vegetación de sabanas, sabanas de jícaros y cornizuelos, así como la mayoría de las formaciones boscosas estudiadas. Casi todos los tipos de suelo y condiciones de humedad. Iluminación desde sol abierto hasta sombra.

Referencias: SCHALIE (1948); PILSBRY (1916-1918); HAAS (1960).

Comentarios: PILSBRY (1916-1918) señaló que *G. servilis* es una de las especies antillanas más comunes.

Es una especie muy relacionada con *G. pellucida*; los caracteres utilizados para la separación entre ambas especies se discuten en el apartado de Comentarios de esta última especie.

Ha sido citada de Bluefields por PILSBRY (1916-1918). Nosotros la hemos recolectado en localidades varias de los departamentos de Matagalpa y Esteli.

Fue citada para Nicaragua por PÉREZ & LÓPEZ (1995c).

FAMILIA Succineidae Beck, 1837

Succinea guatemalensis Morelet, 1849

Succinea guatemalensis Morelet, 1849. Test. Noviss., i, p.16.

Localidad tipo: Ciudad de Guatemala, Guatemala Central [MORELET (1849), según MARTENS (1890-1901)].

Extensión geográfica: México, Guatemala, Costa Rica (MARTENS, 1890- 1901).

Descripción: Concha succineiforme, translúcida y muy delgada. La espira constituye aproximadamente 1/8 de la altura de la concha. Color marrón. Escultura de líneas radiales oblicuas. Sutura marcada. Ápice obtuso. Vueltas 3, de forma arqueada. Crecimiento rápido. Base imperforada. Abertura ampliamente aovada, ubicada en posición latero-inferior. Labio simple y no reflejado. Columela entera. Protoconcha de color marrón, escultura de líneas radiales oblicuas de crecimiento, vueltas 1.

Dimensiones: D. 6.22 mm, Alt. 10.44 mm, L. ab: 7.25 mm, A. ab: 4.16 mm.

Dimensiones: (n= 13).

Variable	X	Mínimo	Máximo	Rango	DS
Altura	12.45	10.44	16.4	5.96	1.74
Diámetro	6.77	5.9	8.4	2.5	0.79

Iconografía: MARTENS (1890-1901, C, L 19, fig. 6).

Hábitat: Orillas de carreteras y plantaciones. Vegetación de sabanas con jícaros, bosques de galería, bosques caducifolios secundarios y arboledas. Suelos de tierra con hojarasca y/o arena; húmedos compactos o secos compactos. Iluminación de sol abierto, sol filtrado, parches de sol y penumbra.

Referencias: MARTENS (1890-1901).

Comentarios: Según MARTENS (1890-1901), las principales características de esta especie parecen ser laS estrías finas y algo desiguales, el color pálido isabelino y el lustre muy débil de la superficie.

S. guatemalensis se diferencia de la otra especie de succineido recolectado en el área de estudio, *Succinea recisa* Morelet, 1851, en que presenta una espira más grande y una abertura proporcionalmente más pequeña.

Aunque ha sido citada de Guatemala y Costa Rica, países al norte y al sur, esta es la primera vez que se cita para Nicaragua.

Ha sido recolectada por nosotros en localidades varias de los departamentos de Matagalpa, Ocotal y Río San Juan.

Succinea recisa Morelet, 1851

Succinea recisa Morelet, 1851. Test. Noviss., ii, p. 14

Localidad tipo: Alrededor del Lago Izabal, Golfo Dulce, Este de Guatemala [MORELET (1851), según MARTENS (1890-1901)].

Extensión geográfica: Guatemala, Nicaragua, Panamá (MARTENS, 1890-1901).

Descripción: Concha succineiforme, translúcida y muy delgada. La espira constituye menos de 1/10 de la altura total de la concha. Color amarillo-córneo. Escultura de pliegues de crecimiento muy juntos, estrechos y oblicuos. Sutura marcada. Ápice obtuso. Vueltas 3, arqueadas. Crecimiento rápido. Base imperforada. Abertura ampliamente aovada, ubicada en posición paralela. Peristoma simple y no reflejado. Columela entera. Proporción altura abertura/ altura total: 0.71. Protoconcha lisa, color amarillo-córneo, vueltas 1.

Dimensiones: D. 5.49 mm, Alt. 9.31 mm, L. ab. 6.60 mm, A. ab. 4.12 mm.

Dimensiones: (n= 25).

Variable	X	Mínimo	Máximo	Rango	DS
Altura	10.75	8.5	20	11.5	2.33
Diámetro	6.47	5.4	10	4.6	1.14

Aparato genital con una región atrial amplia de la cual parten el pene, la vagina y la bolsa copulatriz. Pene bien desarrollado, muscularizado y con una vaina conspicua. Vagina corta, con menos de la mitad de la longitud del pene y algo más delgada que este. Bolsa copulatriz redondeada y de buen tamaño. El conducto de la bolsa es largo y delgado. La próstata es aovada. Hay dos receptáculos seminales de igual longitud y una bolsa de fecundación bien desarrollada. Conducto hermafrodita grueso y muscularizado. Ovotestis de color crema, más bien grande y compuesto por numerosos acinos.

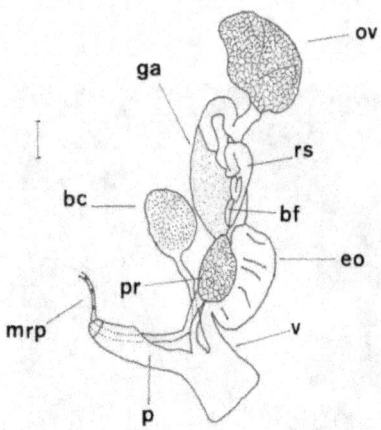

Iconografía: FISCHER & CROSSE (1870-1902, C, L. 26, figs. 13-13a).

Hábitat: Orillas de carretera, caminos secundarios y ríos; también en cauces, cercas vivas y plantaciones. Vegetación de sabanas, sabanas de jícaros y cornizuelos, bosques bajos sabaneros con matorral abundante, bosques de galería, bosques bajos caducifolios secundarios y arboledas. Casi todos los tipos de suelo considerados; húmedos, saturados o inundados. Todas las categorías de iluminación consideradas.

Referencias: MARTENS (1890-1901).

Comentarios: Según MARTENS (1890-1901) esta especie es distinta de todas las otras especies centroamericanas, pues la espira es muy pequeña. Nosotros hemos encontrado un parecido notable en la morfología de la concha de esta especie con respecto a *Succinea costaricana* Biolley, 1897; sin embargo, son perfectamente diferenciables desde el punto de vista anatómico. Aunque *S. costaricana* no ha sido citada de Nicaragua, lo anterior hace pensar que algunos de los lotes recolectados, no estudiados anatómicamente, e identificados como *Succinea recisa*, podrían pertenecer a *S. costaricana*. Este es un tema a esclarecer en un estudio futuro.

El sistema genital de esta especie se describe por primera vez en el presente trabajo. El hecho de presentar músculo retractor del pene nos ha impedido confirmar o refutar el estatus genérico de esta especie, ya que en la clave de PATTERSON (1971) este es uno de los caracteres de separación con que comienza la misma, y el material revisado por este autor, que concuerda con el nuestro en otros aspectos, no presenta retractor en ningún caso. Considerando lo anterior hemos decidido mantener de momento la especie *recisa* dentro del género *Succinea*.

S. recisa ha sido citada por MARTENS (1890-1901) de los departamentos de Matagalpa (s.l.p.c.) y Río San Juan (s.l.p.c.), y por FLUCK (1900) de Wounta Houlover, en Bluefields. Nosotros la hemos recolectado en localidades varias de los departamentos de Río San Juan y Boaco.

FAMILIA Ferussacidae Bourguignat, 1883

Cecilioides consobrinus Orbigny, 1855

Cecilioides consobrinus Orbigny, 1855. Hist. Fís. Pol. Nat. Cuba, 5, Moluscos, p. 89, L. xi *bis* fig. 10, 11, 12.

Localidad tipo: cerca de Matanzas, Cuba (PILSBRY, 1909-1910).

Extensión geográfica: Veracruz, México (PILSBRY, 1909-1910); Nicaragua (PÉREZ & LÓPEZ, 1993c).

Descripción: Concha alargada subcilíndrica, translúcida, frágil. La espira constituye algo menos de la mitad y algo más de 1/3 de la altura total de la concha. Color córneo. Escultura de líneas radiales curvas y muy finas. Sutura leve. Ápice moderadamente obtuso. Vueltas 4, muy levemente convexas. Base imperforada. Abertura estrechamente aovada, ubicada lateralmente. Peristoma simple y algo curvado hacia dentro de la abertura. Columela truncada y curva. Protoconcha de color córneo, escultura lisa, vueltas 1.

Dimensiones: Alt. 1.80 mm, D. 0.66 mm, L. ab. 0.75 mm, A. ab. 0.29 mm.

Dimensiones: (n= 92).

Variable	X	Mínimo	Máximo	Rango	DS
Altura	2.09	1.7	3.1	1.4	0.21
Diámetro	0.71	0.6	1	0.4	0.09

Iconografía: PILSBRY (1909-1910, C, L. 5, fig. 81, 82); SCHALIE (1948, C, L. 4, fig. 6).

Hábitat: Casi todos los asentamientos humanos considerados. Vegetación de sabanas y la mayoría de las formaciones boscosas estudiadas. Casi todos los tipos de suelo y condiciones de humedad. Iluminación desde sol abierto hasta sombra.

Referencias: PILSBRY (1909-1910).

Comentarios: Esta especie fue citada como adición a la malacofauna de Nicaragua por PÉREZ & LÓPEZ (1993c).

Ha sido recolectada por nosotros en localidades varias de los departamentos de Chontales, Matagalpa, Jinotega y Río San Juan; también en Bosawás, Jinotega y Bluefields, RAAN.

Cecilioides gundlachi (Pfeiffer, 1850)

Achatina gundlachi Pfeiffer, 1850. Zeitschr. f. Malak., p. 80.

Localidad tipo: La Habana, Cuba (PILSBRY, 1909-1910).

Extensión geográfica: Las Antillas y Panamá (PILSBRY, 1909-1910).

Descripción: Concha subcilíndrica, translúcida, brillante, frágil. La espira constituye cerca de 1/3 de la altura total de la concha. Color marrón claro- córneo. Escultura de líneas radiales y líneas espirales muy finas y muy unidas. Sutura marcada. Ápice obtuso. Vueltas 4, moderadamente convexas y de crecimiento rápido. Base perforada. Abertura más o menos triangular, aovada, y ubicada lateralmente con respecto a la concha. Peristoma algo arqueado hacia el interior de la abertura. Columela entera y engrosada. Protoconcha de color marrón claro-córneo, escultura lisa, vueltas 1.

Dimensiones: Alt. 4.48 mm, D. 1.31 mm, L. ab. 1.49 mm, A. ab. 0.73 mm.

Dimensiones: (n= 4).

Variable	X	Mínimo	Máximo	Rango	DS
Altura	3.2	3	3.5	0.5	0.24
Diámetro	1.2	1.1	1.3	0.2	0.08

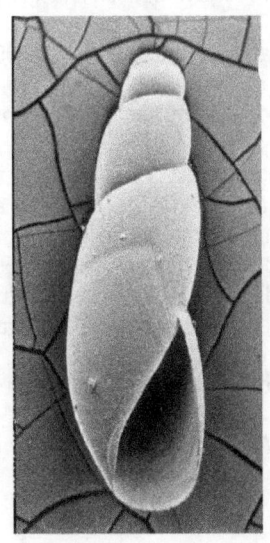

Iconografía: PILSBRY (1909-1910, C, L. 4, figs 73, 74); SCHALIE (1948, C, L. 4, fig. 5); ZILCH (1959- 60, C, p. 338, fig. 1241).

Hábitat: Orillas de carreteras, caminos secundarios y plantaciones. Vegetación de bosques bajos sabaneros con matorral abundante, bosques de galería y bosques medianos caducifolios secundarios. Suelos de tierra con hojarasca, arena o humus; secos sueltos o húmedos sueltos. Iluminación desde sol abierto hasta sombra.

Referencias: PILSBRY (1909-1910); SCHALIE (1948).

Comentarios: *C. gundlachi* se puede diferenciar de *C. consobrinus* en su mayor tamaño, presencia de una columela entera y no truncada como en *C. consobrinus*, así como un ápice más obtuso que en esta última especie. La forma de la concha es también diferente en ambas especies.

Constituye un nuevo registro para la malacofauna continental de Nicaragua. También ha sido recolectada por nosotros en Bosawás, departamento de Jinotega.

FAMILIA Subulinidae Crosse & Fischer, 1877

Beckianum beckianum (Pfeiffer, 1846)

Bulimus beckianus Pfeiffer, 1846. Symb.hist. Helic., iii, p. 82.

Localidad tipo: Polvón, Nicaragua (PILSBRY, 1906-1907).

Extensión geográfica: Desde México hasta Brasil, Las Antillas (PILSBRY, 1906).

Descripción: Concha oblongo-cilíndrica, acuminada, translúcida, moderadamente sólida. La espira constituye algo menos de 2/3 de la altura total de la concha. La forma de la concha varía en la ontogenia de casi cónica en los juveniles hasta la descrita en los adultos. Color marrón claro- córneo. Escultura de costillas radiales del mismo ancho que la distancia entre ellas. Sutura marcada. Ápice agudo. Vueltas 8-9, convexas. Base umbilicada. Abertura aovada, ubicada latero-inferiormente. Peristoma no engrosado y no reflejado. Columela entera y dilatada. Protoconcha con el mismo color de la teloconcha, escultura lisa, vueltas 1.50.

Dimensiones: D. 3.40 mm, Alt. 8.89 mm, L. ab. 1.59 mm, A. ab. 1.16 mm.

Dimensiones: (n= 98).

Variable	X	Mínimo	Máximo	Rango	DS
Altura	8.82	7	11.3	4.3	0.83
Diámetro	3.17	3	4.1	1.1	0.18

Aparato genital con un pene bien desarrollado y muscularizado, más delgado en la base y luego más ancho. Bolsa copulatriz piriforme y de tamaño medio; conducto de la bolsa largo y moderadamente grueso, se inserta en el atrio a la misma altura que el pene. Conducto deferente delgado en toda su extensión. Glándula del albúmen de buen tamaño. Todas las estructuras presentan un color crema.

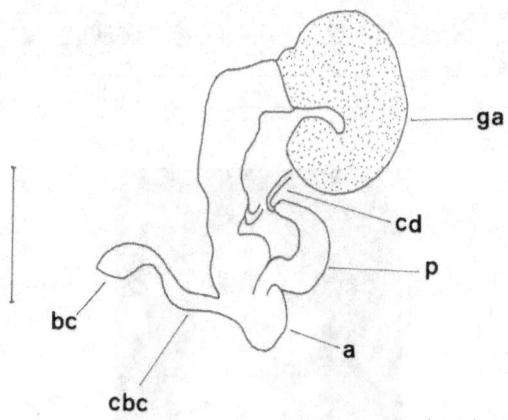

Iconografía: STREBEL & PFEFFER (1873-1882, G); PILSBRY (1906-1907, C, G); BAKER (1923a, R, L. 1, fig. 6); HAAS (1962, C); PÉREZ & LÓPEZ (1993c, C, 1995d, C, 1995b, C).

Hábitat: Casi todos los asentamientos humanos considerados. Vegetación de sabanas y la mayoría de las formaciones boscosas estudiadas. Casi todos los tipos de suelo y condiciones de humedad. Todas las categorías de iluminación.

Referencias: PILSBRY (1906-1907); BAKER (1923a); PÉREZ & LÓPEZ (1995c).

Comentarios: El aparato genital de esta especie difiere en varios aspectos del figurado por PILSBRY (1906-1907). En nuestros ejemplares la bolsa copulatriz tiene un conducto más bien largo y no corto como en los de PILSBRY; en los ejemplares de este autor la bolsa copulatriz se inserta en el atrio por debajo del pene, mientras que en nuestro material ambas estructuras se insertan en el atrio a la misma altura. En el material figurado por PILSBRY el conducto deferente se dilata antes de entrar al pene, y en nuestro material el conducto deferente tiene el mismo diámetro en toda su longitud.

Esta especie ha sido recolectada por nosotros fuera del área de estudio en localidades varias de los departamentos de Matagalpa, Chontales, Río San Juan, Estelí, Jinotega, Ocotal, Boaco y en la RAAS.

114

Beckianum sinistrum (Martens, 1898)

Leptinaria sinistra Martens, 1890-1901. B.C.A., p. 319, L. 18, fig. 11.

Localidad tipo: Acoyapa, Chontales, Nicaragua (MARTENS, 1890-1901).

Extensión geográfica: Nicaragua (MARTENS, 1890-1901); Guanacaste, noroeste de Costa Rica (Obs. pers.).

Descripción: Concha oblongo-cilíndrica, acuminada, translúcida y medianamente sólida. La espira constituye algo más de 2/3 de la altura total de la concha. Color amarillo-córneo. Escultura de costillas radiales con el mismo ancho que la distancia entre ellas, que se hacen más marcadas en la región sutural. Sutura marcada. Ápice agudo. Vueltas 9, convexas. Base umbilicada y convexa. Abertura ampliamente aovada, sinistrorsa, ubicada latero- inferiormente. Peristoma simple y no reflejado. Columela corta, entera y dilatada. Protoconcha de color amarillo-córneo más claro que la teloconcha, escultura lisa, vueltas 2.

Dimensiones: D. 4.1 mm, Alt. 9.4 mm, L. ab. 1.50 mm, A. ab. 1.19 mm.

Dimensiones: (n= 47).

Variable	X	Mínimo	Máximo	Rango	DS
Altura	9.25	6.4	11.3	4.9	1.10
Diámetro	3.25	3	4.1	1.1	0.15

Iconografía: MARTENS (1890-1901, C); PILSBRY (1906-1907, C, L. 42, fig. 32); PÉREZ & LÓPEZ (1995d, C, figs. 1, 3, 4).

Hábitat: Asentamientos humanos de casi todos los tipos considerados. Vegetación de sabanas, sabanas de jícaros y la mayoría de las formaciones boscosas estudiadas. Casi todos los tipos de suelo y todas las condiciones de humedad. Iluminación desde sol abierto hasta sombra.

Referencias: MARTENS (1890-1901); PÉREZ & LÓPEZ (1995d).

Comentarios: MARTENS (1898) describió *B. sinistrum* sobre un ejemplar juvenil, procedente de Acoyapa, Departamento de Chontales, colocándolo dentro del género *Leptinaria* Beck, ya que la apariencia de la concha en un ejemplar juvenil concuerda perfectamente con las características diagnósticas de ese género. Sin embargo la concha adulta es una imagen especular de la especie *Beckianum beckianum*, de la que aparentemente solo difiere en el sentido de la abertura y en una ligera inclinación que presentan las vueltas, la cual también se presenta en otros gastrópodos sinistrorsos (GOULD *et al.* 1985; PÉREZ & ESPINOSA, 1994; ALAYO & ESPINOSA, en prensa; C. CONEY, Com. Per.).

PILSBRY (1906:188) enfatizó que las vueltas redondeadas y el ombligo marcado de *Opeas beckianum* (Pfeiffer, 1846) no concordaban bien con el género *Opeas* Albers, 1850. Posteriormente, BAKER (1945) propuso el género *Synopeas,* citándolo como "un género muy distinto", y más adelante estableció el género *Beckianum* (BAKER, 1961).

Recientemente PÉREZ & LÓPEZ (1995c), propusieron la reasignación de *Leptinaria sinistra* Martens, 1898 dentro del género *Beckianum* Baker, 1961 debido a la afinidad y similaridad entre ésta y *Beckianum beckianum*.

Fuera del área de estudio esta especie ha sido recolectada por nosotros en localidades varias del departamento de Matagalpa y en Guanacaste, Costa Rica.

Lamellaxis gracilis (Hutton, 1834)

Bulimus gracilis Hutton, 1834. Journ. Asiat. Soc. Bengal, 3, pp. 93, 84.

Localidad tipo: Mirzapur, Valle del Ganges, India (PILSBRY, 1906-1907).

Extensión geográfica: Trópicos de ambos hemisferios (PILSBRY, 1946).

Descripción: Concha alargada-cilíndrica, translúcida y medianamente sólida en los adultos. La espira constituye aproximadamente ½ de la altura total de la concha. Color amarillo-córneo. Escultura de costillas radiales arqueadas. Sutura marcada. Ápice medianamente obtuso. Vueltas 7, convexas. Abertura alargadamente aovada, ubicada latero-inferiormente. Peristoma simple, ligeramente reflejado en su parte basal y ligeramente arqueado hacia el interior en su parte exterior media. Columela entera y dilatada encima. Protoconcha de igual color que la teloconcha, escultura lisa, vueltas 1.5.

Dimensiones: D. 3.24 mm, Alt. 9.86 mm.

Dimensiones: (n= 19).

Variable	X	Mínimo	Máximo	Rango	DS
Altura	10.87	9.8	14.4	4.6	1.44
Diámetro	3.37	2.9	3.7	0.8	0.35

Iconografía: PILSBRY (1906-1907, C); BAKER (1945, G), SCHALIE (1948, C, L. 4, fig. 11); ZILCH (1959-60, C); BURCH (1962, C); HAAS (1962, C).

Hábitat: Todos los asentamientos humanos considerados. Todos los tipos de vegetación y la mayoría de los tipos de suelo; todas las condiciones de humedad. Iluminación desde sol abierto hasta sombra.

Referencias: TATE (1870); PILSBRY (1906-1907).

Comentarios: TATE (1870) indicó haber recolectado *B. mimosarum* Orbigny, 1835 abundante en el foso de El Castillo, Río San Juan. LÓPEZ (com. per.) encontró en esta localidad *L. gracilis*, que probablemente fue confundido por TATE con *O. mimosarum* (Orbigny, 1835) una especie natural de Bolivia, no de América Central.

Fue citada de Acoyapa, Chontales, por PILSBRY (1906-1907). Ha sido recolectado por nosotros en localidades varias de los departamentos de Matagalpa y Chontales, así como en la ciudad de Bluefields, RAAS.

Lamellaxis micra (Orbigny, 1835)

Helix micra Orbigny, 1835. Mag. Zool., Class 5, no. 61, p. 9.

Localidad tipo: Santa Cruz de la Sierra, Bolivia (PILSBRY, 1906-1907).

Extensión geográfica: Bolivia hasta México y Las Antillas; Cayo Hueso, Miami y Tortugas, en Florida, USA (PILSBRY, 1906-1907); Nicaragua (PÉREZ & LÓPEZ, 1995c).

Descripción: Concha alargada-cilíndrica, translúcida y medianamente sólida. La espira constituye algo más de ½ de la altura total de la concha. Color amarillo-córneo. Escultura de costillas radiales ampliamente espaciadas, con una estriación más fina entre ellas. Sutura profunda. Ápice obtuso. Vueltas 6, convexas. Base perforada. Abertura alargadamente aovada, ubicada latero-inferiormente. Labio simple y no reflejado. Columela entera y dilatada en su parte superior. Protoconcha con el mismo color de la teloconcha, escultura lisa, vueltas 2.25.

Dimensiones: D. 2.70 mm, Alt. 6.65 mm, L. ab. 1.71 mm, A. ab. 1.20 mm.

Dimensiones: (n= 57).

Variable	X	Mínimo	Máximo	Rango	DS
Altura	7.3	6	9.8	3.8	0.68
Diámetro	2.67	2.2	3.2	1	0.21

Iconografía: MARTENS (1890-1901, C, L. 17, fig. 10); PILSBRY (1906-1907, C, L. 27, figs. 49, 56, 57); BAKER (1945, G); PILSBRY (1946, C, fig. 85, a, b, c, G, fig. 84, 11); BURCH (1962, C, p. 125, fig. 305); HAAS (1962, C, L. 7, figs. A-E).

Hábitat: Todos los asentamientos humanos considerados. Todos los tipos de vegetación y la mayoría de los tipos de suelo; todas las condiciones de humedad. Iluminación desde sol abierto hasta sombra.

Referencias: MARTENS (1890-1901); PILSBRY (1906-1907).

Comentarios: La abertura relativamente pequeña, ápice obtuso y generalmente costillas radiales fuertes, son los caracteres diagnósticos de esta especie. Las costillas no son arqueadas como en *L. gracilis*, una especie muy relacionada. Algunos individuos son bastante lisos. Las vueltas son más cortas que en *L. gracilis*.

Se encuentra en hábitats húmedos como céspedes u hojarasca dentro o cerca de áreas metropolitanas (AUFFENBERG & STANGE, 1988).

Ha sido recolectado por nosotros en localidades varias de los departamentos de Estelí, Río San Juan, Chontales, Matagalpa y Boaco, así como en la ciudad de Bluefields, RAAS.

Fue citado para la malacofauna continental de Nicaragua por PÉREZ & LÓPEZ (1995c).

Leptinaria guatemalensis (Crosse & Fischer, 1877)

Spiraxis guatemalensis Crosse & Fischer, 1877. Journ. Conch., 25, p. 271.

Localidad tipo: Coban, Guatemala (PILSBRY, 1906-1907).

Extensión geográfica: Retalhuleu, Guatemala; Guanacaste y Valle de San José, Costa Rica (PILSBRY, 1906-1907).

Descripción: Concha alargada, cónica-cilíndrica, translúcida, opaca. La espira constituye algo más de 1/3 de la altura total de la concha. Color córneo. Escultura de costillas radiales irregularmente espaciadas y algo oblicuas, menos acentuadas en la base de la concha. La separación entre las costillas es de aproximadamente 0.12 mm. Sutura profunda. Ápice obtuso. Vueltas 5.5, convexas. Base perforada. Abertura estrechamente aovada y algo oblicua, ubicada en posición paralela-inferior con respecto a la concha. Peristoma simple y no reflejado, ligeramente curvado hacia dentro. Columela entera, más ancha en su parte superior y afinándose hacia la base. Presenta una torcedura que origina una pequeña prominencia. Protoconcha de color córneo, escultura lisa, vueltas 2.

Dimensiones: Alt. 5.12 mm, D. 2.62 mm, L. ab. 2.12 mm, A. ab. 1.17 mm.

Dimensiones: (n= 6).

Variable	X	Mínimo	Máximo	Rango	DS
Altura	4.9	4	5.5	1.5	0.6
Diámetro	2.34	2	2.62	0.62	0.24

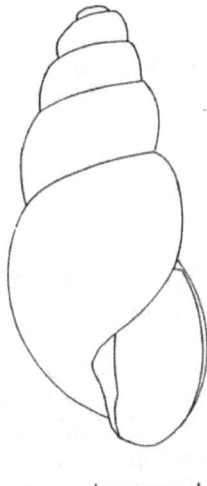

Iconografía: PILSBRY (1906-1907, C, L. 41, fig. 11).

Hábitat: Caminos secundarios. Vegetación de bosques medianos caducifolios y arboledas. Suelo de tierra con hojarasca; húmedo. Iluminación de sol filtrado y penumbra.

Referencias: PILSBRY (1906-1907).

Comentarios: Esta especie es algo parecida a *L. tamaulipensis*, pero se diferencia de ella en su tamaño bastante más pequeño y en que la dilatación que presentan ambas en la parte superior de la columela es mucho menos acentuada que en *L. tamaulipensis*.

Constituye un nuevo registro para la malacofauna continental de Nicaragua.

Leptinaria insignis (Smith, 1898)

Luntia insignis Smith, 1898. Journ. Conch., ix, p. 28.

Localidad tipo: Trinidad (PILSBRY, 1906).

Extensión geográfica: Surinam, Curacao (HUMMELINK, 1940); Nicaragua (LÓPEZ & PÉREZ, 1996).

Descripción: Concha subcilíndrica, más bien translúcida. La espira constituye algo menos de 2/3 de la altura total de la concha. Color blanco-córneo. Escultura de costillas radiales más bien rectas y regularmente espaciadas. Sutura medianamente profunda. Vueltas 7, más bien aplanadas. Abertura aovada, ubicada en posición latero-inferior. Peristoma algo engrosado, *presenta una prolongación en la región palatal (exterior) que a su vez se arquea hacia el interior de la abertura; está indentado en la inserción con la vuelta del cuerpo.* Columela truncada y engrosada. Presenta un callo columelar. Protoconcha de color blanco córneo, escultura lisa, vueltas 3.

Dimensiones: Alt. 5.7 mm, D. 1.65 mm, L. ab. 1.63 mm, A. ab. 0.96 mm.

Dimensiones: (n= 3).

Variable	X	Mínimo	Máximo	Rango	DS
Altura	5.60	5.13	5.99	0.86	0.43
Diámetro	1.64	1.58	1.71	0.13	0.06

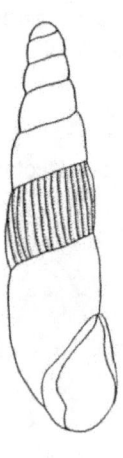

Iconografía: PILSBRY (1906-1907, C, L. 40. fig. 7); HUMMELINK (1940, C); HAAS (1962, C); ZILCH (1959-60, C).

Hábitat: Orillas de caminos secundarios: Vegetación de bosques bajos o medianos caducifolios secundarios. Suelos de tierra con hojarasca; húmedos. Iluminación de parches de sol.

Referencias: PILSBRY (1906-1907); HUMMELINK (1940).

Comentarios: Se distingue de todas las otras especies del género por su concha más bien delgada, costillas marcadas y por presentar una prolongación en la región exterior del peristoma que a su vez se arquea hacia el interior de la abertura; el peristoma, además, está indentado en la inserción con la vuelta del cuerpo

Esta especie fue citada por primera vez para la malacofauna continental de Nicaragua por LÓPEZ & PÉREZ (1996).

Leptinaria interstriata (Tate, 1870)

Tornatellina interstriata Tate, 1870. Amer. Journ. Conch., 5, p. 957, L. 16. fig. 3 .

Localidad tipo: Boca del Toro, Panamá (TATE, 1870).

Extensión geográfica: Panamá y Costa Rica (MARTENS, 1890-1901).

Descripción: Concha alargada-cónica, más bien translúcida y medianamente sólida. La espira constituye 2/3 de la altura del cuerpo. Color blanco-córneo. Escultura de costillas radiales bien espaciadas, con 3-4 estrías elevadas más finas entre ellas. Sutura profunda. Vueltas 6.5, convexas. Base perforada. Abertura estrechamente aovada y oblicua, ubicada en posición latero-inferior. Peristoma simple y reflejado en su parte inferior, arqueado hacia dentro de la abertura en su parte media. Columela dilatada en su parte superior, afinándose hacia la base en la que se presenta una lamela espiral, sólida y obtusa. Protoconcha de color algo más claro que la concha, escultura lisa, vueltas 2.5.

Dimensiones: D. 3.76 mm, Alt. 8.48 mm, L. ab. 2.67 mm, A. ab. 1.76 mm.

Dimensiones: (n= 10).

Variable	X	Mínimo	Máximo	Rango	DS
Altura	8.94	8.3	9.7	1.4	0.55
Diámetro	3.74	3.4	4.4	1	0.3

Iconografía: PILSBRY (1906-1907, C, L. 41, fig. 12).

Hábitat: Orillas de carreteras, caminos secundarios, orillas de ríos o puentes, terrenos de pastoreo, quebradas y plantaciones. Vegetación de sabanas de jícaros y la mayoría de las formaciones boscosas estudiadas. Suelos de tierra con o sin hojarasca, humus y arena; húmedos, sueltos o compactos, y secos, sueltos o compactos. Iluminación desde sol abierto hasta sombra.

Referencias: MARTENS (1890-1901); PILSBRY (1906-1907).

Comentarios: Esta especie se distingue de *L. gracilis* y *L. micra*, que son las especies más parecidas de las presentes en el área de estudio, en su mayor tamaño, forma más cónica, estriación algo más marcada y por la forma de la columela y la lamela que presenta esta última.

Ha sido recolectada por nosotros en localidades varias en los departamentos de Boaco, Estelí, Matagalpa y Río San Juan.

Constituye un nuevo registro para la malacofauna continental de Nicaragua.

Leptinaria lamellata (Potiez & Michaud, 1838)

Achatina lamellata Potiez et Michaud, 1838. Gal. Moll. Douai, 1, p. 128, figs. xi-7, 8.

Localidad tipo: Jamaica, s.l.p.c. (PILSBRY, 1906).

Extensión geográfica: Las Antillas, Venezuela, Ecuador, Colombia, Bolivia, Nicaragua (PILSBRY, 1906-1907); Nicaragua (PÉREZ & LÓPEZ, 1993c).

Descripción: Concha alargada cónica, medianamente translúcida y moderadamente sólida. La espira constituye aproximadamente 1/3 de la altura total de la concha. Color blanco-córneo. Escultura de costillas radiales amplia e irregularmente espaciadas que se van desvaneciendo hacia la parte inferior de las vueltas, sobre todo en la vuelta del cuerpo. Presenta finas estrías radiales entre las costillas. Ápice obtuso. Vueltas 6, convexas. Base umbilicada. Abertura aovada con una lamella parietal a la cual alude el nombre de la especie, ubicada latero-inferiormente. Peristoma simple y levemente arqueado hacia el interior en su parte externa superior. Columela ancha y sólida, más ancha en su parte superior; presenta una lamela cuya truncadura forma una fuerte proyección dentro de la abertura. Protoconcha de color blanco-córneo, escultura lisa, vueltas 2.

Mandíbula delgada, arqueada, con una estriación vertical fina.

Dimensiones: D. 5.77 mm, Alt. 11.78 mm, L. ab. 4.49 mm, A. ab. 2.40 mm.

Dimensiones: (n= 11).

Variable	X	Mínimo	Máximo	Rango	DS
Altura	9.27	7	11.78	4.78	1.36
Diámetro	4.68	3.9	5.77	1.87	0.59

Iconografía: PILSBRY (1906-1907, C, L. 42, figs. 39, 40, L. 43, fig. 50); SCHALIE (1948, C, L. 4, fig. 13); ZILCH (1959-60, C, p. 349, fig. 1280); HAAS (1962, C, L. 7, figs. F-G).

Hábitat: Orillas de ríos con vegetación de bosques de galería; bosques medianos y altos de todos los tipos considerados. Suelos de tierra con hojarasca; húmedos. Iluminación de penumbra y umbra.

Referencias: MARTENS (1890-1901); BAKER (1927b).

Comentarios: Según BAKER (1927b), la lamela parece variar grandemente, y en ocasiones se presenta muy pequeña o no se presenta del todo en ejemplares adultos. No obstante, en nuestros ejemplares este carácter, junto a su forma bastante cónica y su tamaño más bien grande, constituyen atributos fiables para su separación de otras especies del género.

Ha sido recolectada por nosotros de localidades varias del departamento de Río San Juan, en Bosawás, departamento de Jinotega y en la RAAS. Esta especie fue citada como nuevo registro para la malacofauna continental de Nicaragua por PÉREZ & LÓPEZ (1993c).

Leptinaria strebeliana Pilsbry, 1907

Leptinaria strebeliana Pilsbry, 1907. Man. of Conch. (2)18:313, pl. 42, fig. 25.

Localidad tipo: Polvón, Nicaragua.

Extensión geográfica: Solo citada de Nicaragua.

Distribución geográfica: Polvón, Nicaragua.

Iconografía: PILSBRY (1907).

Hábitat: Especie terrestre,

Referencias: PILSBRY (1907).

Comentarios: De acuerdo a nuestros datos esta especie no ha sido recolectada en el área de estudio posteriormente a su primera cita.

Leptinaria tamaulipensis Pilsbry, 1903

Leptinaria tamaulipensis Pilsbry, 1903. Proc. Acad. Nat. Sci. Phila., 55, p. 776, L. 50, fig. 8.

Localidad tipo: Tamaulipas, México (PILSBRY, 1906-1907).

Extensión geográfica: México (PILSBRY, 1906-1907).

Descripción: Concha alargada-cónica, opaca, moderadamente sólida. La espira constituye algo menos de ½ de la altura total del cuerpo. Color córneo. Escultura de costillas radiales irregularmente espaciadas, poco acentuadas en la vuelta del cuerpo y entre ellas líneas de crecimiento. Sutura profunda. Ápice obtuso. Vueltas 6, moderadamente convexas. Base perforada. Abertura alargadamente aovada, ubicada en posición latero-inferior con respecto a la concha. Peristoma simple y no reflejado. Columela entera, *ampliamente dilatada en su parte superior y afinándose hacia abajo.* Presenta una ligera proyección en su parte inferior. Protoconcha de color córneo, escultura lisa, vueltas 2.

Dimensiones: Alt. 9.27 mm, D. 4.31 mm, L. ab. 3.93 mm, A. ab. 1.88 mm.

Dimensiones: (n= 3).

Variable	X	Mínimo	Máximo	Rango	DS
Altura	9.16	8.8	9.27	0.47	0.34
Diámetro	4.20	4.1	4.31	0.21	0.17

Iconografía: PILSBRY (1906-1907, C, L. 50, fig. 26).

Hábitat: Presente en camino secundario. Vegetación de bosque mediano o alto subperennifolio. Suelo de tierra con hojarasca y humus; húmedo. Iluminación de umbra.

Comentarios: En una primera inspección, puede ser confundida con *L. guatemalensis* (vid. *Leptinaria guatemalensis*).

Esta especie constituye un nuevo registro para la malacofauna continental de Nicaragua.

Opeas pumilum (Pfeiffer, 1840)

Bulinus pumilus Pfeiffer, 1840. Archiv. F. Naturg., p. 252.

Localidad tipo: Bristol, Inglaterra (PILSBRY, 1906-1907).

Extensión geográfica: Las Antillas; América del Sur; América Central; México; Inglaterra; Hawaii; Isla de Santa Helena; Isla de Cabo Verde; Dismal Key en Florida e invernaderos en Pittsburgh, Chicago (PILSBRY, 1906-1907).

Descripción: Concha alargada subcónica, translúcida, frágil. La espira constituye algo más de 1/3 de la altura total de la concha. Color córneo. Escultura de líneas gruesas radiales muy arqueadas y regularmente espaciadas. Sutura marcada. Ápice obtuso. Vueltas 5.5, más bien aplanadas, excepto la vuelta del cuerpo que es moderadamente convexa. Base perforada. Abertura ampliamente aovada, ubicada latero-inferiormente. Peristoma fuertemente retractivo en su inserción con la concha y arqueado hacia dentro en su parte media. Columela entera, dilatada en toda su extensión. Protoconcha de color córneo, escultura lisa, vueltas 2.

Dimensiones: Alt. 4.32 mm, D. 1.85 mm, L. ab. 1.79 mm, A. Ab. 0.80 mm.

Dimensiones: (n= 17).

Variable	X	Mínimo	Máximo	Rango	DS
Altura	5.1	3.3	6.4	3.1	1.13
Diámetro	1.87	1.3	2.2	0.9	0.28

Iconografía: PILSBRY (1906-1907, C); BAKER (1927b, R, L. 21, fig. 3); PILSBRY (1946, C, fig. 88, 4, R, fig. 87); SCHALIE (1948, C, L. 4, fig. 7); ZILCH (1959-60, C); BURCH (1962, C); HAAS (1962, C).

Hábitat: Orillas de carreteras, caminos secundarios y orillas de ríos y puentes. Vegetación de sabanas, bosques de galería, bosques bajos caducifolios secundarios y bosques medianos o altos subperennifolios. Suelo de tierra con hojarasca con o sin humus; húmedos sueltos o secos compactos. Iluminación desde sol abierto hasta sombra.

Referencias: PILSBRY (1906-1907).

Comentarios: Según PILSBRY (1906-1907), esta especie puede ser reconocida por su escultura arqueada y la fuerte retractación del labio exterior en la sutura, lo cual concuerda perfectamente con el material estudiado por nosotros.

Es una especie ya muy extendida a nivel mundial (PILSBRY, 1906-1907). Ha sido citada por este autor de Polvón, Nicaragua. Posteriormente ha sido recolectada por nosotros en localidades varias de los departamentos de Chontales, Matagalpa y Río San Juan, así como en la ciudad de Bluefields, RAAS.

Subulina octona (Bruguière, 1792)

Bulimus octonus Bruguière, 1792. Encycl. Meth., 1, p. 325.

Localidad tipo: Santo Domingo y Guadalupe, Las Antillas (PILSBRY, 1906-1907).

Extensión geográfica: América tropical incluyendo Florida; introducida en Africa, Ceilán, Oceanía (PILSBRY, 1946).

Descripción: Concha alargada-cilíndrica, más bien translúcida y lustrosa; medianamente sólida. La espira constituye algo menos de 2/3 de la altura total de la concha. Color amarillento-córneo. Escultura de pliegues radiales algo oblicuos y con el mismo ancho de la separación entre ellos. Ápice obtuso. Vueltas 8-10, convexas. Sutura profunda y en lugares irregularmente crenulada, en las 2.3 o 3 primeras vueltas regularmente crenulada por una serie de pliegues finos subsuturales. Base imperforada. Abertura pequeña, fusiforme, más bien paralela respecto al eje de la concha. Labio delgado. Columela cóncava superiormente, engrosada, oblicua y profundamente truncada en su base. Protoconcha del mismo color de la teloconcha, escultura lisa y con 1.5 vueltas.

Dimensiones. D. 4.04 mm, Alt. 14.80 mm, L. ab. 2.89 mm, A. ab. 1.58 mm.

Aparato genital notable por el gran desarrollo de los órganos femeninos, con órganos masculinos pobremente desarrollados o rudimentarios. El pequeño pene es simple como en *Rumina*, con un retractor terminal. El retractor ocular derecho pasa entre las ramas de los genitales. En esta especie la reproducción comienza antes de que la concha haya alcanzado dos tercios de su tamaño máximo, y usualmente muchos huevos pueden ser vistos a través de la concha dentro de la penúltima vuelta. Las cápsulas de los huevos son de cubierta dura, blanca y aplanada.

La mandíbula varía desde fina hasta burdamente estriada, la segunda condición debida aparentemente a la no madurez.

Rádula con fórmula 1C + 30-36LM.

Dimensiones: (n= 51).

Variable	X	Mínimo	Máximo	Rango	DS
Altura	17.27	13	22.3	9.3	2.4
Diámetro	4.22	3.8	5	1.2	0.24

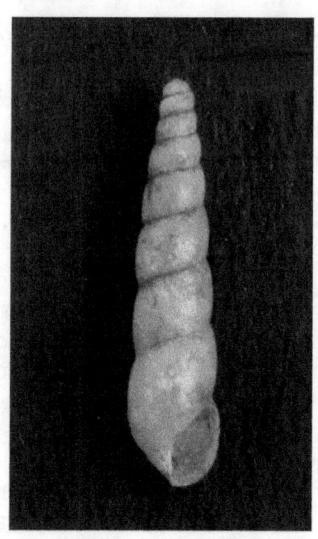

Iconografía: BINNEY (1878-85, R, M); PILSBRY (1906-1907, C); BAKER (1927b, G, M, R); PILSBRY (1946, C, G, R, M, Huevos); SCHALIE (1948, C, L. 4, fig. 9); HAAS (1962, C, L. 8, figs. A-F); AUFFENBERG & STANGE (1988, C); ABBOTT (1989, C, fig. s/n, p. 84).

Hábitat: Todos los asentamientos humanos considerados. Vegetación de sabanas y la mayoría de las formaciones boscosas estudiadas. Suelos de todos los tipos y todas las condiciones de humedad. Todas las categorías de iluminación.

Referencias: MARTENS (1890-1901); PILSBRY (1906-1907); SCHALIE (1948); AUFFENBERG & STANGE (1988).

Comentarios: La columela truncada y el tamaño más bien grande, hacen que esta especie sea una de las más fáciles de identificar de esta familia. Se halla comúnmente en hábitats húmedos dentro y cerca de áreas metropolitanas (AUFFENBERG & STANGE, 1988). PILSBRY (1906-1907) señaló que después de revisar una colección de algunos miles de conchas de muchos lugares diferentes, no se consideraba en condición de establecer subespecies, a pesar de la notable variabilidad existente.

Este autor también señaló que en su estado natural *Subulina* estaba restringida a Africa y América pero que había sido extendida por el comercio a las Indias del Este. Sin duda es uno de los moluscos tropicales más extendido y adaptable.

Ha sido citada por MARTENS (1890-1901) de San Ubaldo, departamento de Granada, así como El Castillo y Greytown, en el departamento de Río San Juan.

La localidad de San Ubaldo, en el departamento de Granada, no ha podido ser comprobada por nosotros, por lo que de momento ponemos en duda esta cita.

Fuera del área de estudio ha sido recolectada por nosotros en localidades varias de los departamentos de Río San Juan, Matagalpa y la ciudad de Bluefields, en la RAAS.

FAMILIA Streptaxidae Gray, 1860

Huttonella bicolor (Hutton, 1834)

Pupa bicolor Hutton, 1834. J. Asiat. Soc. Beng., 3, pp. 81-93

Localidad tipo: Mirzapore, entre Agra y Neemuch, India (NAGGS, 1989).

Extensión geográfica: Introducida del Oriente (BURCH, 1962) o del sur de Africa (DUNDEE, 1974). Muy extendida en la región del Caribe. También se conoce en Louisiana (Nueva Orleans) y Carolina del Sur (DUNDEE, 1974).

Descripción: Concha alargada-cilíndrica, translúcida y moderadamente sólida. La espira constituye algo más de 1/2 de la altura total de la concha. Color amarillo. Escultura de estrías radiales de crecimiento espaciadas, atravesadas por estrías espirales, juntas, muy finas y poco visibles. Se presentan dos depresiones externas en la vuelta del cuerpo correspondientes a la posición de los dientes basal y palatal. *Sutura marcada y crenulada, crenulaciones acentuadas en la penúltima vuelta.* Ápice obtuso. Vueltas 7, moderadamente convexas. Base imperforada. Abertura subcuadrangular, con una lamela parietal larga y sólida, levemente curvada hacia la derecha y proyectada más allá del borde de la abertura hacia afuera; un diente palatal triangular largo, en posición horizontal y dirigido hacia dentro y un diente basal pequeño, triangular, ubicado más adentro del borde del peristoma. Los dientes palatal y basal están formados por plegamientos de la pared interna de la concha. Columela entera, presenta una lamela en su parte interna que tiene forma triangular y está dirigida hacia el interior de la abertura. Protoconcha de color amarillo, escultura lisa, vueltas 2.

Animal: Color en vida naranja.

Dimensiones: D. 1.90 mm, Alt. 6.17 mm, L. ab. 0.61 mm, A. ab. 0.51 mm.

Dimensiones: (n= 22).

Variable	X	Mínimo	Máximo	Rango	DS
Altura	6.17	5.4	7.1	1.7	0.43
Diámetro	1.88	1.7	2.3	0.6	0.14

Iconografía: SCHALIE (1948, C); BURCH (1962, C, fig. 296); STANISIC (1981, C, fig. 1a-b); AZUMA (1982, C); NAGGS (1989, C, L. 18).

Hábitat: Orillas de carreteras, caminos secundarios, orillas de ríos, cauces y plantaciones. Vegetación de sabanas, bosques bajos sabaneros con matorral abundante, bosques de galería, bosques bajos o medianos caducifolios secundarios o subcaducifolios secundarios, bosques medianos o altos subperennifolios y arboledas. Suelo de tierra con hojarasca y arena o humus, grava volcánica; saturados, húmedos sueltos o secos sueltos. Iluminación desde sol abierto hasta sombra.

Referencias: PILSBRY (1926); NAGGS (1989); BAKER (1963).

Comentarios: El nombre específico alude a la diferencia de coloración entre la concha (amarilla) y el cuerpo del animal (naranja); este carácter, junto a la dentición de la abertura y las acentuadas crenulaciones en la sutura, permiten identificar rápidamente a esta especie.

Constituye un nuevo registro para la malacofauna continental de Nicaragua. Este taxon no ha sido informado para la malacofauna nicaragüense por TATE (1870), MARTENS (1890-1901), o más recientemente JACOBSON (1968), lo que hace pensar que su introducción en el país podría ser reciente o que sólo se distribuya en la región en la que lo hemos recolectado, hasta el presente poco muestreada.

Aparentemente es un depredador efectivo de *Subulina octona* y otros subulínidos (MEAD, 1961), así como pupílidos (DUNDEE & BAERWALD, 1984).

FAMILIA Spiraxidae Baker, 1955

Euglandina cumingii (Beck, 1837)

Glandina cumingii Beck, 1837. Index Moll., p. 78.

Localidad tipo: Lago de Nicaragua, lado norte (MARTENS, 1890-1901).

Extensión geográfica: México, Guatemala, Honduras, Nicaragua, Costa Rica y Panamá (MARTENS, 1890-1901).

Descripción: Concha fusiforme, translúcida y delgada. La espira constituye aproximadamente 1/4 de la altura total de la concha. Color amarillo-córneo. Escultura de costillas radiales muy unidas y algo sinuosas así como estrías incisas espirales finas y muy unidas. La escultura en su conjunto puede dar la impresión de una trama reticulada vista al microscopio. Sutura poco marcada y crenulada. Ápice obtuso. Vueltas 5, medianamente convexas, excepto la vuelta del cuerpo que es arqueada. Base imperforada. Abertura alargada y estrechamente aovada, ubicada lateralmente. Peristoma simple y no reflejado. Columela truncada. Protoconcha de color amarillo córneo, escultura lisa, vueltas 1.

Dimensiones: D. 16.01 mm, Alt. 36.25 mm, L. ab. 19.28 mm, A. ab. 6.61 mm.

Dimensiones: (n= 22).

Variable	X	Mínimo	Máximo	Rango	DS
Altura	40.30	30.4	56.5	26.1	7.26
Diámetro	17.62	14.2	23	8.8	2.47

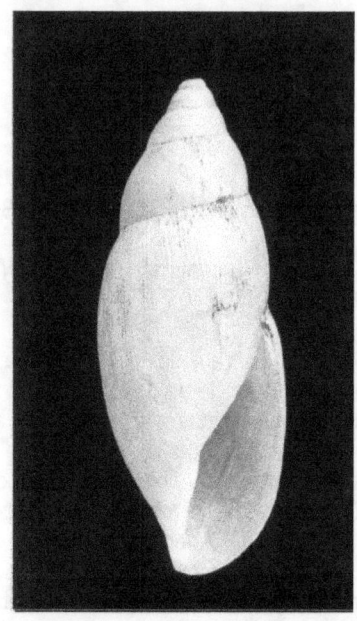

Aparato genital con un pene desarrollado y musculoso (evertido en la figura). Vagina algo más gruesa que el pene y de aproximadamente igual longitud. Sin epifalo. Bolsa copulatriz aovada y grande; casi tan grande como la glándula del albúmen. Conducto de la bolsa largo y delgado.

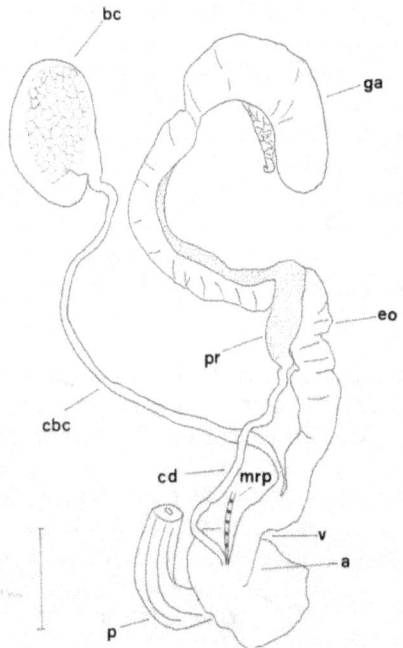

Iconografía: TRYON (1885, C, fig. 98); MARTENS (1890-1901, C, fig. 7); BAKER (1943, G, R, L. 2, figs. 17-18); ABBOTT (1989, C, fig. s/n, p. 86); LÓPEZ, ALTONAGA & PÉREZ (1998, C, A, figs. 3, 4).

Hábitat: Orillas de carreteras, de ríos, puentes y plantaciones. Vegetación de sabanas y la mayoría de las formaciones boscosas estudiadas. Casi todos los tipos de suelo; húmedos y secos, sueltos y compactos. Todas las categorías de iluminación.

Referencias: BAKER (1943).

Comentarios: El genital de nuestros ejemplares no concuerda exactamente con el descrito por BAKER (1943); en nuestro material la bolsa copulatriz y el pene son más grandes que en el material figurado por BAKER.

Esta especie se diferencia de *E. obtusa* en su mayor tamaño, escultura marcada, su coloración más clara y su concha más bien opaca.

Ha sido recolectada por nosotros en localidades varias de los departamentos de Matagalpa y Ocotal, en Bosawás, Jinotega y en la RAAS. El dato de localidad citado por MARTENS (1890-1901) (Lago de Nicaragua, lado norte) es demasiado amplio para ser graficado en el mapa.

Euglandina obtusa (Pfeiffer, 1844)

Glandina obtusa Pfeiffer, 1844. in Philippi's Abbild., 1, p. 132, L. 1, fig. 3.

Localidad tipo: El Realejo, Nicaragua (escrito como Real Llejos) (PFEIFFER, 1844, según MARTENS, 1890-1901).

Extensión geográfica: Nicaragua (PFEIFFER *in* PHILIPPI, 1844-1851, según MARTENS, 1890-1901).

Descripción: Concha cilíndrica-fusiforme, opaca, sólida, brillante. La espira constituye algo menos de 1/3 de la altura total de la concha. Color marrón. Escultura de pliegues radiales más bien finos. Sutura leve. Ápice obtuso. Vueltas 6, moderadamente convexas. Base imperforada. Abertura alargadamente aovada, ubicada lateralmente; constituye aproximadamente 1/3 de la altura de la vuelta del cuerpo. Peristoma simple y no reflejado. Columela curva y truncada, algo engrosada. Protoconcha de color blanco córneo, escultura lisa, vueltas 1.5.

Dimensiones: Alt. 27.15 mm, D. 11. 26 mm, L. ab. mm, A. ab. mm.

Dimensiones: (n= 8).

Variable	X	Mínimo	Máximo	Rango	DS
Altura	24.81	22.2	27.15	4.95	2.19
Diámetro	10.5	10.1	11.3	1.2	0.49

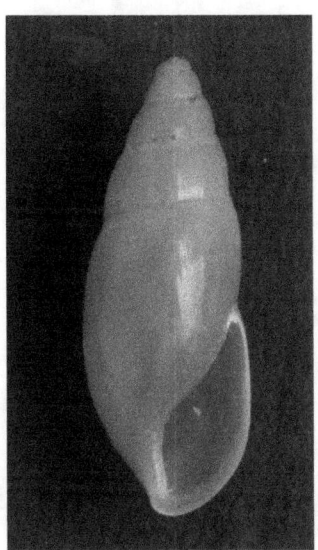

Aparato genital con pene muy largo y musculoso; músculo retractor ancho y corto; conducto deferente adherido al pene y a la vagina por tiras conjuntivas. Vagina corta en relación con el pene y del ancho de la parte proximal del mismo. Bolsa copulatriz más bien pequeña y espatuliforme; conducto de la bursa largo y delgado.

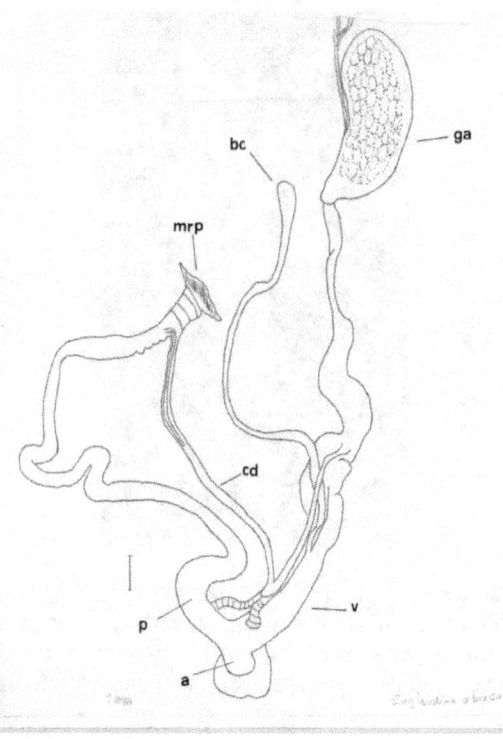

Iconografía: PFEIFFER *in* PHILIPPI (1844-1851, C, fig. 3); REEVE & SOWERBY (1843-1878, C, fig. 62); DESHAYES *in* FERUSSAC & DESHAYES (1819-1851, C, figs. 3, 4); TRYON (1885, C, L. 4, fig. 55).

Hábitat: Orillas de carreteras. Vegetación de bosques bajos sabaneros con matorral abundante y bosques bajos o medianos caducifolios secundarios. Suelo de tierra con hojarasca con o sin arena; húmedos. Iluminación de sol filtrado y penumbra.

Referencias: TRYON (1885); MARTENS (1890-1901), PÉREZ *et al.* (2008).

Comentarios: MARTENS (1890-1901) señaló que en las descripciones y figuras, aunque todas citan Realejo (también escrito como Real Llejos) como la localidad, se refieren a dos formas, las cuales son diferentes entre sí en tamaño y forma. La más pequeña mide entre 16 y 19 mm de altura y alrededor de la mitad de ancho; es la primeramente descrita por PFEIFFER *in* PHILIPPI (1844-1851), y es la que está representada en la colección de PFEIFFER; según MARTENS (op. cit.), esta es la forma de la que él revisó material. La forma más grande, que mide entre 26 y 28 mm y tiene de ancho menos de la mitad de la altura, es la figurada por REEVE & SOWERBY (1843-1878) y DESHAYES *in* FERUSSAC & DESHAYES (1819-

140

1851); ésta se asemeja mucho en sus dimensiones a *Euglandina largillierti* Pilsbry, 1891, de Guatemala y Yucatán, pero parece ser más lisa y brillante.

TRYON (1885) reconoció solamente las dimensiones de la forma mayor (26-28 mm) como las dimensiones de la especie. Posteriormente PILSBRY (1907-1908) reprodujo exactamente la descripción y las dimensiones ofrecidas por TRYON (op. cit.) y agregó que esta especie parece relacionar el grupo de las formas de América Central lisas con las *Euglandina* más normales.

Nuestro material concuerda con lo que sería la "forma" de mayor tamaño que mencionó MARTENS (1890-1901), aunque con unas dimensiones algo menores. Por otra parte, la concha de escultura poco acentuada y brillante de esta especie hace su identificación inequívoca.

El aparato reproductor se describe por primera vez en este trabajo.

Como esta especie sólo era conocida de la localidad tipo, los datos aportados en este trabajo amplían considerablemente su ámbito de distribución.

Pittieria underwoodi (Fulton, 1897*)*

Oleacina underwoodi Fulton, 1897. Annals and Magazine of Nat. Hist., 6th Series, xx, p. 212, L. 6, f. 9.

Localidad tipo: Costa Rica (MARTENS, 1890-1901).

Extensión geográfica: Azahar de Cartago, Costa Rica (MARTENS, 1890- 1901).

Descripción: Concha fusiforme, translúcida, moderadamente sólida, brillante. La espira constituye algo menos de 1/3 de la altura total de la concha. Color marrón claro. Escultura de pliegues radiales finos irregularmente espaciados y surcados por líneas. Sutura leve. Ápice obtuso. Vueltas 5.5, moderadamente convexas excepto la vuelta del cuerpo que es convexa. Base imperforada. Abertura alargadamente aovada, paralela a la concha; constituye aproximadamente 2/3 de la altura de la vuelta del cuerpo. Peristoma simple y ligeramente arqueado hacia el interior de la abertura en su parte media superior. Columela truncada, ligeramente arqueada hacia el interior de la abertura en su parte media-superior. Protoconcha de color marrón claro, escultura lisa, vueltas 1.

Dimensiones: Alt. 20.0 mm, D. 10.01 mm, L. ab. 9.85 mm, A. ab. 4.06 mm.

Dimensiones: (n= 4).

Variable	X	Mínimo	Máximo	Rango	DS
Altura	22.55	19.1	28.0	8.9	4.16
Diámetro	9.95	9	11.4	2.4	1.07

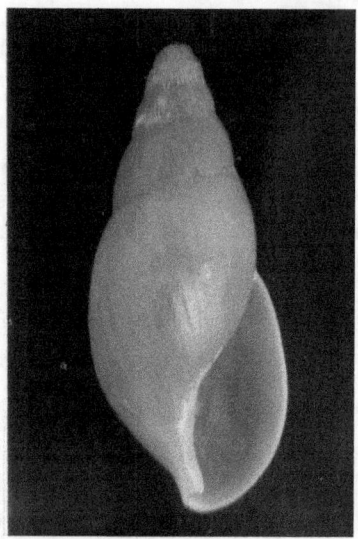

Iconografía: PILSBRY (1907-1908, C, L. 27, fig. 44).

Hábitat: Orillas de carreteras, caminos secundarios, ríos y puentes, plantaciones, quebradas. Vegetación de sabanas, bosques bajos sabaneros con matorral abundante, bosques de galería, bosques bajos de sitios inundados periódicamente y bosques bajos caducifolios secundarios. Suelos de tierra con hojarasca con o sin arena, humus; húmedos sueltos y secos sueltos o compactos. Iluminación desde sol abierto hasta sombra.

Referencias: PILSBRY (1907-1908).

Comentarios: *P. underwoodi* tiene cierto parecido conquiológico con *E. obtusa*, pero puede ser separada de esta última especie por su perfil fusiforme, su color marrón más claro, y por el tamaño relativo de abertura, que en *P. underwoodi* constituye 2/3 de la altura de la vuelta del cuerpo, mientras que en *E. obtusa* constituye solamente 1/3.

Esta especie representa un nuevo registro para la malacofauna continental de Nicaragua.

Ha sido recolectada por nosotros fuera del área de estudio en los departamentos de Chinandega, Jinotega, Matagalpa y Río San Juan.

Salasiella guatemalensis Pilsbry, 1919

Salasiella guatemalensis Pilsbry, 1919. Proc. Acad. Nat. Sci. Phila., 71, p. 213, fig. 2.

Localidad tipo: Gualan, Guatemala (PILSBRY, 1919).

Extensión geográfica: Guatemala (PILSBRY, 1919).

Descripción: Concha fusiforme, translúcida, frágil. La espira constituye aproximadamente ¼ de la altura total del cuerpo. Color amarillo claro. Escultura de líneas radiales irregulares. Sutura leve. Ápice obtuso. Vueltas 5.5, moderadamente aplanadas. Base imperforada. Abertura alargadamente aovada y estrecha, paralela a la concha. Peristoma simple y ligeramente curvado hacia dentro de la abertura. La parte superior del labio se inserta bastante más arriba de la mitad de la altura total de la vuelta del cuerpo. Columela truncada. Protoconcha de color amarillo claro, escultura lisa.

Dimensiones: Alt. 10.3 mm, D. 4.2 mm.

Dimensiones: (n= 2).

Variable	X	Mínimo	Máximo	Rango	DS
Altura	8.6	6.9	10.3	3.4	2.40
Diámetro	3.9	3.6	4.2	0.6	0.42

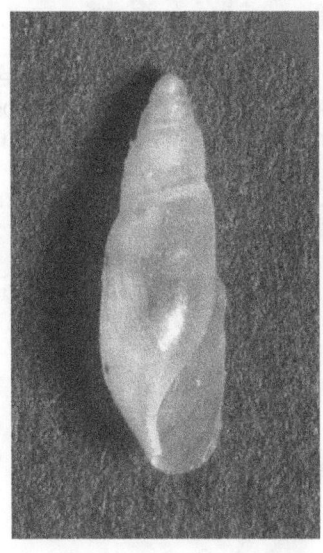

Iconografía: PILSBRY (1919, C, p. 213, fig. 2).

Hábitat: Orilla de río con vegetación de bosque de galería. Suelo de tierra con hojarasca y humus; húmedo. Iluminación de umbra.

Especímenes de referencia:

Referencias: PILSBRY (1919).

Comentarios: Esta especie es la de mayor tamaño de las tres especies del género presentes en el área de estudio, lo que permite su rápida separación.

Constituye un nuevo registro para la malacofauna continental de Nicaragua.

Salasiella hinkleyi Pilsbry, 1919

Salasiella hinkleyi Pilsbry, 1919. Proc. Acad. Nat. Sci. Phila., 71, pp. 212-213, fig. 2.

Localidad tipo: San Luis de Potosí, México (PILSBRY, 1919).

Extensión geográfica: México (PILSBRY, 1919).

Descripción: Concha cilíndrica-fusiforme, translúcida, frágil. La espira constituye aproximadamente 1/3 de la altura total de la concha. Color córneo. Escultura de pliegues muy finos radiales muy unidos y arqueados. Sutura leve. Ápice moderadamente obtuso. Vueltas 5.5, más bien aplanadas, la cuarta vuelta moderadamente convexa. Base imperforada. Abertura estrecha y alargadamente aovada, ubicada paralelamente a la concha. Peristoma no engrosado y no reflejado; ligeramente curvado hacia dentro de la abertura. La parte superior del peristoma se inserta algo más arriba del punto medio de la altura de la vuelta del cuerpo. Columela truncada y algo reflejada hacia delante. Protoconcha de color córneo, escultura lisa, vueltas 2.

Dimensiones: Alt. 6.60 mm, D. 2.52 mm, L. ab. 3.11 mm, A. ab. 1.20 mm.

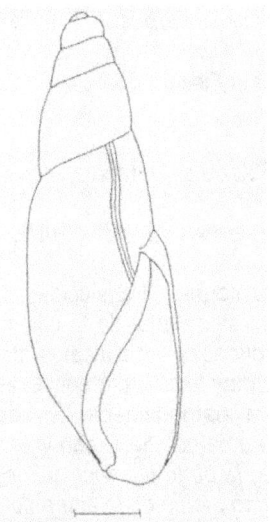

Iconografía: PILSBRY (1919, C, fig. 2).

Hábitat: Orilla de carretera. Vegetación de bosque bajo sabanero con matorral abundante. Suelo de tierra sin hojarasca; seco suelto. Iluminación de parches de sol.

Referencias: PILSBRY (1919).

Comentarios: *S. hinkleyi* se diferencia de *S. perpusilla* en su tamaño algo mayor y la concha de forma más bien cilíndrica; *S. perpusilla*, además, presenta una concha más bien fusiforme.

Esta especie constituye un nuevo registro para la malacofauna continental de Nicaragua, y una notable ampliación de su ámbito de distribución.

Salasiella perpusilla (Pfeiffer, 1880)

Oleacina perpusilla Pfeiffer in Fischer & Crosse, 1880. Miss. Sci. Mex. l´ Amerique Centrale, 7, Part 2, L. 3, f. 4.

Localidad tipo: Mirador, Estado de Veracruz, México (TRYON, 1885).

Extensión geográfica: Guatemala y México (PILSBRY, 1907-1908).

Descripción: Concha fusiforme, translúcida, frágil. La espira constituye aproximadamente 1/5 de la altura total de la concha. Color córneo. Escultura de estrías incisas radiales, arqueadas y dispuestas algo irregularmente. Sutura leve. Ápice obtuso. Vueltas 4.5, muy levemente convexas, vuelta del cuerpo aplanada. Base imperforada. Abertura alargadamente aovada, ubicada paralelamente con respecto a la concha. Peristoma no engrosado y no reflejado; ligeramente curvado hacia dentro de la abertura; *la parte superior del peristoma se inserta a la concha bastante* más *arriba del punto medio de la altura de la vuelta del cuerpo*. Columela truncada y algo reflejada hacia afuera. Protoconcha de color córneo, escultura lisa, vueltas 2.

Dimensiones: Alt. 3.78 mm, D. 1.79 mm, L. ab. 2.36 mm, A. Ab. 0.84 mm.

Iconografía: TRYON (1885, C, p. 173, L. 9, fig. 32); PILSBRY (1907-1908, C, figs. 2, 3).

Hábitat: Orilla de carretera, vegetación de bosque bajo sabanero con matorral abundante. Suelo de tierra sin hojarasca; seco suelto. Iluminación de parches de sol.

Referencias: PILSBRY (1919).

Comentarios: Esta especie constituye un nuevo registro para la malacofauna continental de Nicaragua.

Las diferencias de esta especie con las otras congenéricas se describen en los comentarios de *S. guatemalensis* y *S. hinkleyi*.

FAMILIA Limacidae Rafinesque, 1815

Deroceras laeve (Müller, 1774)

Limax laevis Müller, 1774. Verm. terr. et fluv. Hist., 2, p. 2.

Extensión geográfica: Europa, Siberia, Africa, Madagascar, América del Norte, México, Guatemala, Nicaragua, Costa Rica, América del Sur, Las Antillas (MARTENS, 1890-1901).

Descripción: Individuos activos alcanzando extendidos una longitud de 20 mm. Color gris claro, extensivamente moteado de negro en su parte dorsal. Cuando el animal está extendido, su manto aparenta encontrarse en el centro del cuerpo debido al largo cuello que éste presenta. El manto representa 1/3 del animal extendido. Presenta una carina dorsal en la parte posterior del cuerpo. Epidermis débilmente estriada. Poro respiratorio ubicado de la mitad del manto hacia atrás.

Dimensiones: Longitud. 15.45 mm, D. 20 mm (en alcohol).

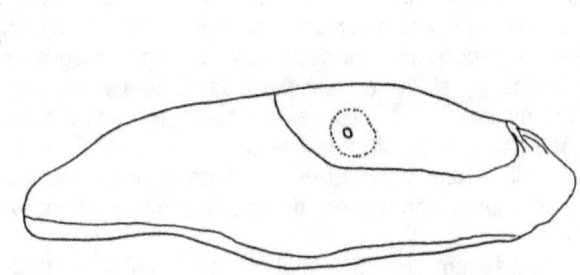

Iconografía: SIMROTH (1886, A, L. 7, fig. 17, G, L. 9, figs. 16-22); TAYLOR (1902-1907, CI, fig. 129, Ganglios subesofágicos, fig. 130, P, figs. 131-134, M, fig.

135, R, fig. 136, G, figs. 137-141, Es, fig. 142); BURCH (1962, A); BURCH & JUNG (1988, C, fig. 102); CASTILLEJO (1997, fig. 10, A, G).

Hábitat: Orillas de la carreteras con vegetación de arboledas. Suelos de tierra con hojarasca y con o sin arcilla; húmedos. Iluminación de sol filtrado.

Referencias: TAYLOR (1902-1907); BURCH & JUNG (1988); CASTILLEJO (1997).

Comentarios: Nuestros ejemplares presentan un tamaño menor que los indicados en la bibliografía. Las mediciones corresponden al ejemplar de mayor tamaño recolectado.

La localidad bibliográfica Javali o Javalí, en el departamento de Chontales, citada por MARTENS (1890-1901) no aparece en los mapas revisados ni en otros documentos de catastro. Ha sido recolectada por nosotros en el departamento de Matagalpa y en la ciudad de Bluefields, RAAS.

FAMILIA Helicarionidae Bourguignat, 1888

Euconulus pittieri (Martens, 1892)

Guppya pittieri Martens, 1890-1901. B.C.A., p. 121, L. 6, fig. 18, 18a-d.

Localidad tipo: San Francisco de los Ríos, cerca de San José, Costa Rica (MARTENS, 1890-1901).

Extensión geográfica: Costa Rica (MARTENS, 1890-1901); Nicaragua (PÉREZ & LÓPEZ, 1993c).

Descripción: Concha cónica, translúcida, delgada. La espira constituye 1/3 de la altura total de la concha. Color marrón claro. Escultura de la parte superior de la concha consistente en líneas de crecimiento muy unidas, finas y más acentuadas en la vuelta del cuerpo. Escultura de la base con finos pliegues radiales mas o menos espaciados y estrías incisas espirales. Sutura marcada. Ápice obtuso. Vueltas 5-5.25, moderadamente convexas. Vuelta del cuerpo subangulada. Base umbilicada. Abertura lunada, ubicada latero- inferiormente. Peristoma simple y no reflejado. Columela entera y dilatada en su parte superior. Protoconcha de color marrón claro, escultura de finas líneas de crecimiento muy unidas, vueltas 1.5.

Dimensiones: D. 3.19 mm, Alt. 2.61 mm, L. ab. 1.58 mm, A. ab. 0.82 mm.

Dimensiones: (n= 25).

Variable	X	Mínimo	Máximo	Rango	DS
Altura	2.75	2.3	3.5	1.2	0.36
Diámetro	3.15	2.7	3.6	0.9	0.25

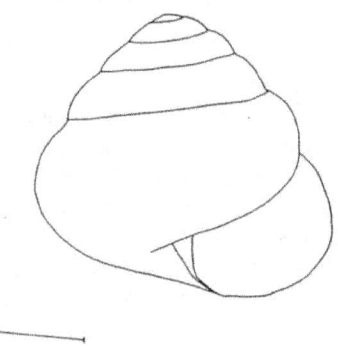

Iconografía: MARTENS (1890-1901, C, L. VI, fig. 918a-d).

Hábitat: Orillas de carreteras, caminos secundarios, orillas de ríos y puentes, tierra amontonada, quebradas y plantaciones. La mayoría de las formaciones boscosas estudiadas. Suelo de tierra con o sin hojarasca y arena, arcilla o humus; todas als condiciones de humedad. Iluminación desde sol abierto hasta sombra.

Referencias: MARTENS (1890-1901); THOMPSON & LEE (1980).

Comentarios: Esta especie tiene algún parecido conquiológico con *Habroconus trochulinus* (Morelet, 1851), pero se diferencia de la misma en la periferia menos angulada, la escultura más acentuada y el tamaño algo mayor.

Fue citada por primera vez para la malacofauna continental de Nicaragua por PÉREZ & LÓPEZ (1993c). Ha sido recolectada por nosotros fuera del área de estudio en localidades varias de los departamentos de Matagalpa, Jinotega y Río San Juan.

Guppya gundlachi (Pfeiffer, 1839)

Helix gundlachi Pfeiffer, 1840. Archiv. f. Naturg., I, p. 250.

Localidad tipo: Cuba, s.l.p.c. (PILSBRY, 1946).

Extensión geográfica: Florida y Texas en USA, México, Nicaragua y Las Antillas (MARTENS, 1890-1901).

Descripción: Concha heliciforme, más bien opaca, delgada y brillante. La espira constituye 1/4 de la altura total de la concha. Color marrón. Escultura de estrías incisas espirales no muy juntas y líneas radiales oblicuas. Sutura marcada. Ápice aplanado. Vueltas 4-4.25, moderadamente convexas, vuelta del cuerpo subangulada. Base umbilicada. Abertura lunada, ubicada en posición lateral. Peristoma simple y algo reflejado en su unión con la columela. Columela entera, algo engrosada y dilatada sobre todo en su parte superior. Protoconcha de color marrón, escultura de estrías incisas espirales no muy juntas, vueltas 1.25.

Dimensiones: D. 2.63 mm, Alt. 1.81 mm, L. ab. 1.29 mm, A. ab. 0.65 mm.

Dimensiones: (n= 38).

Variable	X	Mínimo	Máximo	Rango	DS
Altura	1.83	1.4	2.8	1.4	0.29
Diámetro	2.73	2.4	3.4	1	0.25

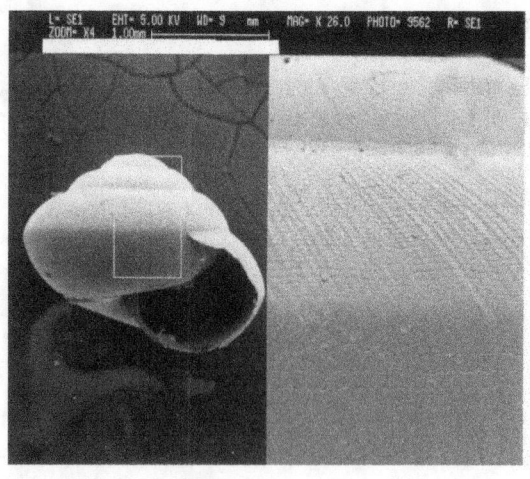

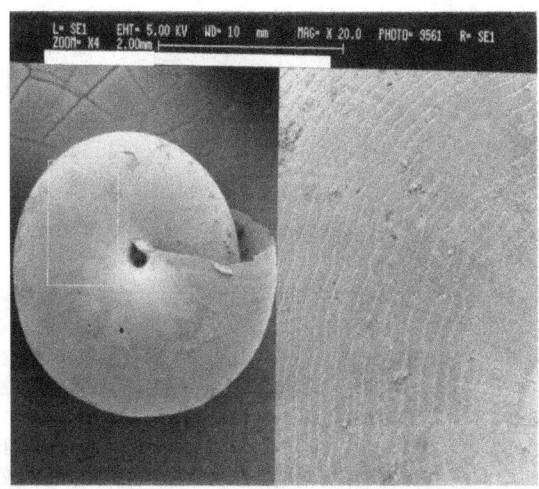

Iconografía: BINNEY (1878-85, R, L. 2, fig. D); BAKER (1922a, R, L. 1, fig. 1); BAKER (1928, G, L. 1, fig. 5); PILSBRY (1946, C, p. 244, fig. 120a); SCHALIE (1948, C, L. 3, figs. 7a, 7b); ZILCH (1959-60. C, p. 277, fig. 982); BURCH (1962, C, p. 104, fig. 247).

Hábitat: La mayoría de los asentamientos humanos considerados. Vegetación de sabanas, bosques de galería, bosques bajos sabaneros con matorral abundante, bosques bajos o medianos caducifolios secundarios, bosques subcaducifolios secundarios y arboledas. Casi todos los tipos de suelo y todas las condiciones de humedad. Iluminación desde sol abierto hasta sombra.

Referencias: SCHALIE (1948); MARTENS (1890-1901); THOMPSON & LEE (1980).

Comentarios: *G. gundlachi* se diferencia del resto de los helicariónidos presentes en el área de estudio por su concha depresa.

Fue citada por MARTENS (1890-1901) de Chontales, sin localidad precisa consignada, así como de los Rápidos del Toro, en el departamento de Río San Juan. La primera cita no es representable en el mapa y la segunda no se encuentra dentro del área de estudio.

Fuera del área de estudio ha sido recolectada por nosotros en localidades varias de los departamentos de Boaco, Río San Juan y Matagalpa, así como en Bosawás, Jinotega y Bluefields, RAAS.

Habroconus championi (Martens, 1892)

Guppya championi Martens, 1890-1901. B.C.A., p. 119, L. 4, figs. 16, 16a-c.

Localidad tipo: Purula, hacia el valle Polochic, Guatemala (MARTENS, 1890-1901).

Extensión geográfica: Guatemala y Costa Rica (MARTENS, 1890-1901).

Descripción: Concha cónica, opaca, muy frágil. La espira constituye algo menos de 1/3 de la altura total de la concha. Color marrón claro. Escultura de líneas finas radiales que en la ontogenia se vuelven pliegues finos radiales; estos pliegues están irregularmente espaciados. En la medida que aumenta el número de vueltas, los pliegues se hacen más gruesos. Toda la escultura radial está surcada por finísimas líneas espirales. Abertura más bien semicircular, ubicada infero-lateralmente. Peristoma simple y no reflejado. Columela entera, algo dilatada en su parte superior y afinándose hacia abajo. Protoconcha de color marrón claro, escultura de finas líneas radiales, vueltas 1.5.

Dimensiones: Alt. 4.31 mm, D. 4.98 mm, L. ab. 2.31 mm, A. ab. 1.32 mm.

Dimensiones: (n= 4).

Variable	X	Mínimo	Máximo	Rango	DS
Altura	3.97	3.36	4.37	1.01	0.54
Diámetro	4.58	4.16	4.98	0.82	0.38

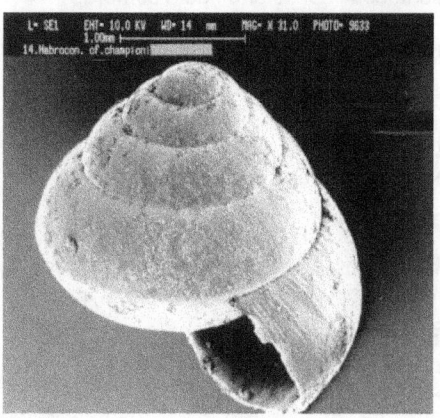

Iconografía: MARTENS (1890-1901, L. 4, figs. 16, 16a-c).

Hábitat: Vegetación de bosque de galería y bosque mediano caducifolio secundario. Suelo de tierra con o sin hojarasca y con o sin arcilla; húmedo suelto. Iluminación de sol filtrado y penumbra.

Comentarios: Se diferencia de las otras especies del género en su tamaño bastante mayor y en su mayor número de vueltas. Es el helicariónido de mayor tamaño presente en el área de estudio.

Esta especie constituye un nuevo registro para la malacofauna continental de Nicaragua.

Habroconus selenkai (Pfeiffer, 1866)

Zonites selenkai Pfeiffer, 1866. Malak. Blatt., xii, p. 77.

Localidad tipo: Mirador, Estado de Veracruz, México (BAKER, 1928).

Extensión geográfica: América del Norte, Sur América, Centro América y Las Antillas (BAKER, 1928).

Descripción: Concha cónico-globosa, translúcida, frágil. La espira constituye aproximadamente 1/4 de la altura total de la concha. Color blanco. Escultura de líneas radiales muy finas y muy estrechamente espaciadas. Cerca de la sutura se presentan finas líneas espirales. Sutura profunda. Ápice obtuso. Vueltas 4.75, moderadamente convexas excepto la vuelta del cuerpo que es convexa. Base perforada. Abertura semicircular, deflecta. Peristoma simple y no reflejado. Columela entera y algo dilatada. Protoconcha de color blanco- hialino, escultura de líneas muy finas radiales y espirales, vueltas 1.

Dimensiones: Alt. 1.97 mm, D. 2.63 mm, L. ab. 1.24 mm, A. ab. 0.71 mm.

Dimensiones: (n= 6).

Variable	X	Mínimo	Máximo	Rango	DS
Altura	1.62	1.4	1.97	0.57	0.80
Diámetro	2.31	2	2.63	0.63	0.21

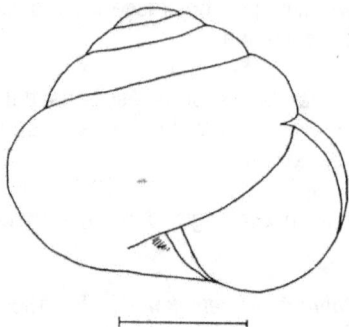

Iconografía: BAKER (1928, G, L. 2, figs. 4, 5); BAKER (1930, C, L. 7, figs. 12, 13); ZILCH (1959-60, C, p. 280, fig. 998).

Hábitat: Orillas de carreteras y puentes. Vegetación de bosques de galería y bosques medianos caducifolios secundarios. Suelos de tierra con o sin hojarasca y con o sin arcilla; húmedos sueltos. Iluminación de sol filtrado y penumbra.

Referencias: BAKER (1930).

Comentarios: Según BAKER (1930) los animales de esta especie confieren un color verde al alcohol donde están depositados, lo cual evidencia que se alimentan de hojas.

Nuestro material de *H. selenkai* se diferencia de *H. trochulinus* por presentar una concha con la vuelta del cuerpo más bien convexa y no angulada como en esta última especie; se diferencian además en el color blanco de *H. selenkai*; *H. trochulinus* presenta una concha de color marrón.

Ha sido recolectada por nosotros en localidades varias de los departamentos de Jinotega y Matagalpa.

Esta especie constituye un nuevo registro para la malacofauna continental de Nicaragua.

Habroconus trochulinus (Morelet, 1851)

Helix trochulina Morelet, 1851. Test. Noviss., ii, p.10.

Localidad tipo: Bosques del Petén, cerca de San Luís, Guatemala (MARTENS, 1890-1901).

Extensión geográfica: México, Guatemala y Costa Rica (MARTENS, 1890-1901).

Descripción: Concha cónica, translúcida, muy frágil. La espira constituye aproximadamente 1/3 de la altura total de la concha. Color marrón. Escultura de líneas radiales muy finas y líneas espirales también muy finas en la cercanía de la sutura. Sutura profunda. Ápice obtuso. Vueltas 4.75, muy levemente convexas. Vuelta del cuerpo angulada. Base perforada. Abertura semicircular, ubicada en posición latero-inferior. Peristoma simple y no reflejado. Columela entera, dilatada y algo engrosada. Protoconcha de color córneo, escultura de líneas radiales muy finas, vueltas 1; tiene forma globosa y sobresale levemente del nivel de la teloconcha.

Dimensiones: Alt. 2.31 mm, D. 2.84 mm, L. ab. 1.42 mm, A. ab. 0.75 mm.

Dimensiones: (n= 8).

Variable	X	Mínimo	Máximo	Rango	DS
Altura	1.87	1.3	2.7	1.4	0.58
Diámetro	2.38	2	3.1	1.1	0.37

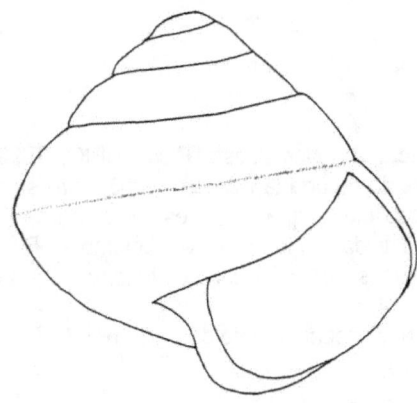

Iconografía: STREBEL & PFEFFER (1873-1882, R, L. 2, fig. d); BAKER (1922a, R, M, L. 17, f. 4, 5); BAKER (1928, G, L. 2, figs. 4, 5); BAKER (1930, C, L. 7, figs. 10, 11).

Hábitat: Orillas de carreteras, caminos secundarios, orillas de ríos y puentes. Vegetación de sabanas, bosques de galería y bosques bajos o medianos caducifolios secundarios. Suelos de tierra con hojarasca con o sin humus; húmedos y secos, compactos o sueltos. Iluminación de sol abierto, sol filtrado, parches de sol y umbra.

Referencias: BAKER (1925a); BAKER (1930).

Comentarios: Según BAKER (1925a), *H. trochulinus* presenta en la zona apical de la concha finas líneas de crecimiento estrechamente espaciadas, como en los géneros *Euconulus* Reinhardt, 1883, *Pseudoguppya* Baker, 1925, y *Ernstia* Jousseaume, 1889.

Ha sido recolectada por nosotros en localidades varias de los departamentos de Matagalpa y Jinotega.

Esta especie constituye un nuevo registro para la malacofauna continental de Nicaragua.

Ovachlamys fulgens (Gude, 1900)

Macrochlamys fulgens Gude, 1900. Proc. of the Malacological Soc. of London **4**:75, Table VIII, figs. 24-26.

Localidad tipo: Islas Ryukyu (Loo-Choo Islands) (GUDE, 1900). Los especímenes tipo están depositados en el Museo de Historia Natural de Florida (INBIO, 1999).

Extensión geográfica: América: Costa Rica (INBIO, 1999), USA (Miami-Dade County, Florida (Ha sido reportada desde el 2003, pero su amplia distribución en las áreas muestreadas indica que se ha establecido en el sur de la Florida por algún tiempo ya); Trinidad and Tobago; Colombia; Pacific: Hawaii. Several Southeast Asian countries, como Thailand y Singapur (ROBINSON, 2003).

Distribución: Cárdenas, Departamento de Rivas (PÉREZ *et al.* 2005).

Descripción: La concha de esta especie es perforada, trocoide, delgada, brillante y córnea oscura. La espira es depresa. El ápice es obtuso. La concha tiene 4 vueltas, que aumentan más bien rápidamente. La última vuelta es convexa, y algo inflada y tiene dos veces el ancho de la penúltima vuelta. Las vueltas están finamente estriadas por líneas espirales microscópicas. La última vuelta no es descendiente y es levemente excavada en la zona umbilical. La abertura es levemente oblicua, lunada. El peristoma es Delgado, recto y agudo. Los márgenes de la abertura están distantes, subparalelos, el margen columelar algo reflejado y casi cubriendo la perforación umbilical que es muy estrecha (GUDE, 1900).

Dmax 6–7 mm; H 4.5 mm (GUDE,1900).

Iconografía: GUDE (1900); BARRIENTOS (1998), INBIO (1999).

Hábitat: Cercas vivas y pasturas (PEREZ *et al.* 2005)

Comentarios: De acuerdo a BARRIENTOS (Com. Per.), estos caracoles son llamados a veces "caracoles saltarines" debido a que la cola está modificada con un cuerno caudal y la parte posterior del pie actúa como una catapulta para impulsarse desde puntos contiguos permitiendo que los individuos se muevan rápidamente varias pulgadas. Debido a esa característica fue fácilmente identificada por nosotros en el campo (PEREZ *et al.* 2005).

Referencias: Gude (1900); Barrientos (1998); INBIO (1999); Robinson (2003); PEREZ *et al.* (2005).

FAMILIA Zonitidae Mörch, 1864

Glyphyalinia indentata (Say, 1822)

Helix indentata Say, 1822. Journ. Acad. Phil., ii, p. 372.

Localidad tipo: Harrigate, Nueva Jersey, Estados Unidos (BAKER, 1930).

Extensión geográfica: América del Norte, México y Guatemala (MARTENS, 1890-1901).

Descripción: Concha depresa y arqueda en sentido dorsoventral, delgada y brillante. Espira aplanada y al mismo nivel de la vuelta del cuerpo. Color marrón. Escultura de estrías radiales oblicuas, continuas y con una distancia entre sí de aproximadamente 0.4 mm, y alrededor de 33 estrías en la última vuelta; entre estas estrías acentuadas se presentan varias estrías radiales inconspicuas que se hacen más perceptibles en las cercanías de la sutura. Se presentan también líneas espirales muy finas, juntas y poco acentuadas. Sutura poco marcada. Vueltas 4-4.25 de crecimiento rápido, aplanadas excepto la vuelta del cuerpo que es convexa. Base umbilicada; el ombligo está contenido unas 17 veces en el diámetro máximo de la concha. Abertura de forma ampliamente lunada, levemente deflecta. Peristoma simple y recto. Columela entera. Protoconcha lisa, de color marrón, vueltas 1.

Dimensiones: D. 6.06 mm, Alt. 3.23 mm, L. ab. 2.03 mm, A. ab. 1.71 mm.

Mandíbula oxignata o entera, pero sin el borde inferior prominente. Se aprecian líneas paralelas al borde de corte. Rádula compuesta por filas transversales arqueadas. Fórmula radular: 1C/3 + 2[5L/2 + 26-27/M]. Los dientes marginales disminuyen de tamaño hacia la periferia.

Animal en vida de color gris verdoso. Pie tripartito. Presenta una hendidura semicircular en la parte dorsal- posterior del pie.

Dimensiones: (n= 56).

Variable	X	Mínimo	Máximo	Rango	DS
Altura	2.51	2	3.8	1.8	0.36
Diámetro	5.17	4.6	7.4	2.8	0.46

Iconografía: TRYON (1886, C, L. 51, figs 9-17); MARTENS (1890-1901, C, L. 6, figs. 12, 12a-c); BAKER (1928, G, figs. 6, 7, CP, fig. 8); RIEDEL (1980, CP, fig. 186, C, fig. 187, G, fig. 192, R, fig. 195); BURCH & JUNG (1988, C, fig. 78, C+A, fig. 79).

Hábitat: La mayoría de los asentamientos humanos considerados. Vegetación de sabanas y la mayoría de las formaciones boscosas estudiadas. Suelos de tierra con o sin hojarasca, humus, arcilla o arena; húmedos sueltos o compactos y secos sueltos. Iluminación de sol filtrado, penumbra o umbra.

Referencias: RIEDEL (1980).

Comentarios: El carácter más relevante de *G. indentata* es la escultura de estrías radiales, aproximadamente 33 en la vuelta del cuerpo, curvadas y sin escultura espiral.

RIEDEL (1980) considera a *G. indentata paucilirata* (Morelet, 1851), un sinónimo de esta especie.

Fuera del área de estudio ha sido recolectada por nosotros en localidades varias de los departamentos de Estelí, Matagalpa y Ocotal. Constituye un nuevo registro para la malacofauna continental de Nicaragua.

Hawaiia minuscula (Binney, 1840)

Helix minuscula Binney, 1840. Boston Journ. Nat. Hist., 3, p. 345, L. 22, fig. 4.

Localidad tipo: Ohio, USA (BINNEY, 1840, según MARTENS, 1890-1901).

Extensión geográfica: América del Norte desde Alaska hasta Maine, México, América Central hasta Costa Rica, Ecuador, Perú, Las Antillas, Bermuda, Rusia Asiática, Japón, Tahití, Pitcairn (MARTENS, 1890-1901); RIEDEL (1980) citó además Panamá, Ecuador y Perú.

Descripción: Concha depresa, opaca, con reflejos iridiscentes. La espira constituye aproximadamente 1/6 de la altura total de la concha. Color blanco. Escultura de líneas radiales finas. Sutura marcada. Ápice aplanado. Vueltas 3, aplanadas excepto la vuelta del cuerpo que es convexa. Base umbilicada; el ombligo constituye algo menos de 1/3 del diámetro total de la concha. Abertura en forma de D, deflecta. Peristoma simple y no reflejado. Columela entera. Protoconcha de color blanco, escultura lisa, vueltas 1.

Dimensiones: Alt. 0.55 mm, D. 1 mm, L. ab. 0.4 mm, A. ab. 0.22 mm.

Dimensiones: (n= 7).

Variable	X	Mínimo	Máximo	Rango	DS
Altura	0.88	0.5	1.2	0.7	0.30
Diámetro	1.68	1	2.1	1.1	0.47

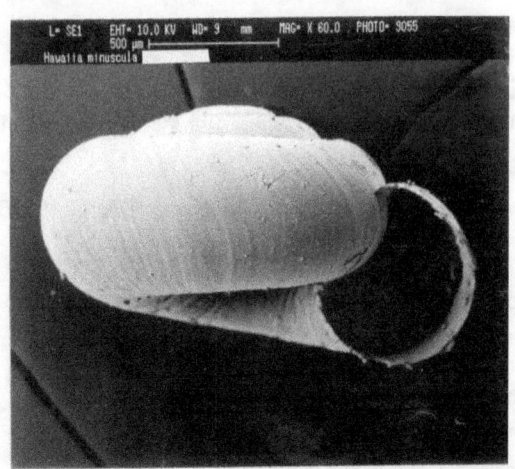

Iconografía: MORSE (1864, M, R, p. 16, fig. 34, L. 7, fig. 35); BINNEY (1878-85, R, L. 17, fig. 2, L. iii, fig. H); TRYON (1886, C); BAKER (1928, G, L. 1, figs. 1, 3, 4, R, fig. 2); BAKER (1929, C); PILSBRY (1946, G, fig. 227a, R, 227b, G, 227c, G, 227d, C, fig. 228a-b, fig. 229, 1-12); SCHALIE (1948, C, L. 3, fig. 9); ZILCH (1959-60, C); BURCH (1962, C, fig. 254); RIEDEL (1980, G, fig. 47, R, fig. 49, C, figs. 50-52); BURCH & JUNG (1988, C, fig. 84); ABOTT (1989, C, fig. s/n, p. 125).

Hábitat: Orillas de caminos secundarios, de puentes o de ríos. Vegetación de bosques de galería y bosques bajos o medianos caducifolios secundarios. Suelos de tierra con hojarasca y humus, grava volcánica con hojarasca; húmedos o secos compactos. Iluminación de sol abierto, sol filtrado o umbra.

Referencias: RIEDEL (1980); BURCH & JUNG (1988).

Comentarios: Esta especie ha sido citada por MARTENS (1890-1901) de Chontales, sin localidad precisa consignada.

Striatura meridionalis (Pilsbry & Ferriss, 1906)

Vitrea milium meridionalis Pilsbry & Ferriss, 1906. Proc. Acad. Nat. Sci. Phila., 58, p. 152.

Localidad tipo: Necaxa, Estado de Puebla, México (PILSBRY, 1906).

Extensión geográfica: Estados del sur y el oeste de los Estados Unidos, México y Bermudas (RIEDEL, 1980).

Descripción: Concha heliciforme-depresa, medianamente translúcida, frágil y brillante. La espira constituye aproximadamente 1/5 de la altura total de la concha. Color córneo-verdoso. *Escultura de líneas radiales oblicuas, sinuosas y muy regularmente espaciadas surcadas por líneas espirales, dando la impresión de un perlado en los puntos de intersección de ambas esculturas.* Sutura profunda. Ápice más bien aplanado. Vueltas 3.25, aplanadas excepto la vuelta del cuerpo que es convexa. Base umbilicada; el ombligo representa aproximadamente 1/3 del diámetro total de la concha y tiene forma de U. Abertura redondeada, deflecta. Peristoma simple y no reflejado. Columela entera. Protoconcha de color córneo-verdoso, escultura de líneas espirales, vueltas 1.25.

Dimensiones: Alt. 0.73 mm, D. 1.47 mm, L. ab. 0.39 mm, A. ab. 0.43 mm.

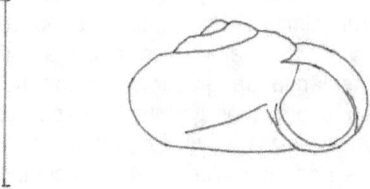

Iconografía: PILSBRY (1946, C, fig. 270, G, fig. 271a, G, fig. 271b, R, fig. 271 c); BAKER (1930, L. 11, P, fig. 2, G, fig. 4, R, fig. 5); SCHALIE (1948, C, L. 3, fig. 11); BURCH (1962, C, p. 88, fig. 198).

Hábitat: Orillas de la carretera en arboleda. Suelo de tierra con hojarasca; húmedo. Iluminación de sol filtrado.

Referencias: PILSBRY (1939); SCHALIE (1948); RIEDEL (1980).

Comentarios: Esta especie constituye un nuevo registro para la malacofauna continental de Nicaragua. Sólo se ha medido el único ejemplar adulto presente en la muestra. Aunque se ha recolectado sólo en un punto dentro del área de estudio, ha sido recolectada en otras ocasiones en localidades varias del departamento de Matagalpa, en la región montañosa Centro-Norte de Nicaragua, por lo que constituye un componente de fauna norteña asociado con la zona de transición entre la región del Pacífico y la región del Centro-Norte del país. Ha sido recolectada por nosotros.

FAMILIA Helminthoglyptidae Pilsbry, 1939

Trichodiscina coactiliata (Deshayes, 1838)

Helix coactiliata Deshayes *in* Férussac & Deshayes, 1838. Hist. Nat. Moll. terr., i, p. 18, L. 72, figs. 1-5.

Localidad tipo: Tabasco, México (MARTENS, 1890-1901).

Extensión geográfica: México, Guatemala, Belice y Nicaragua (MARTENS, 1890-1901). También se encuentra en Trinidad y Venezuela [GUPPY (1875), según MARTENS (1890-1901)]

Descripción: Concha discoidal, opaca y moderadamente delgada. Espira aplanada. Color marrón claro. Presenta bandas horizontales de color marrón oscuro cuya cantidad varía de vuelta a vuelta. En la vuelta del cuerpo hay cinco bandas que van aumentando de grosor de arriba hacia abajo. Escultura de costillas radiales poco acentuadas y muy difíciles de observar debido a la presencia de pelos periostracales muy juntos y a la abundante suciedad adherida. Ápice aplanado. Sutura profunda. Vueltas 4.25, aplanadas. Base umbilicada. El ombligo representa 1/3 del diámetro máximo de la concha. Abertura ampliamente lunada, ubicada paralelamente y deflecta en su parte superior. Peristoma ligeramente engrosado y algo reflejado. Protoconcha de color marrón oscuro, escultura lisa, vueltas 2.

Dimensiones: D. 9.69 mm, Alt. 3.90 mm, L. ab. 2.98 mm, A. ab. 2.38 mm.

Dimensiones: (n= 6).

Variable	X	Mínimo	Máximo	Rango	DS
Altura	3.78	3.5	4.2	0.7	0.29
Diámetro	9.7	8.9	10.7	1.8	0.68

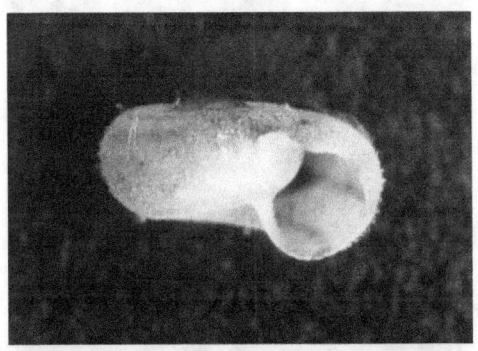

Iconografía: BAKER (1922a, R, L. 17, fig. 9); ZILCH (1959-60, C, p. 650, fig. 2275); TILLIER (1989, SD, fig. 623, SN, fig. 624, 625).

Hábitat: Orillas de carretera y puente. Vegetación de matorrales espinosos, bosque abierto de galería y bosques bajo o mediano caducifolio secundario. Suelos de tierra con hojarasca y con o sin humus; húmedos. Iluminación de sol filtrado y penumbra.

Referencias: MARTENS (1890); REHDER (1966).

Comentarios: El nombre específico se refiere a la superficie áspera e hirsuta de la concha, pues la palabra latina "*coactiliata*" significa ropas burdas; debido a este carácter, la forma aplanada de la concha y la presencia de bandas de color, esta especie es fácilmente separable de todas las otras presentes en el área de estudio.

Ha sido citada del Realejo, departamento de Chinandega por MARTENS (1890-1901). Fuera del área de estudio ha sido recolectado por nosotros en localidades varias de la RAAS y en Bosawás, departamento de Jinotega

FAMILIA Polygyridae Pilsbry, 1895

Praticolella griseola (Pfeiffer, 1841)

Helix griseola Pfeiffer, 1841. Symb. Hist. Hel., I, p. 41.

Localidad tipo: Texas, Estados Unidos (HUBRICHT, 1982).

Extensión geográfica: Texas en USA y desde México hasta América Central (MARTES, 1890-1901; BURCH, 1962; WEBB, 1967; NECK, 1976, 1977).

Descripción: Concha heliciforme-depresa, delgada. La espira constituye aproximadamente 1/5 de la altura total del cuerpo. Concha más bien opaca en la parte superior y translúcida en la base; más bien brillante. Las dos primeras vueltas translúcidas y de color marrón; las otras vueltas con una banda espiral translúcida bordeada de blanco y una banda marrón suprasutural en la parte superior de la concha, y central o media en la vuelta del cuerpo, aunque estos patrones presentan variaciones. En la parte inferior de la vuelta del cuerpo suele haber una zona blanca, circular en torno al ombligo, seguida de una banda marrón ancha, y posteriormente se alternan dos o tres bandas blancas con dos o tres bandas marrón, todas muy estrechas. No obstante, estos patrones de color también presentan variaciones cuya magnitud varía entre poblaciones. Presencia de estrías radiales leves en toda la concha. Sutura marcada. Ápice aplanado. Vueltas 4-4.5, más bien convexas, vuelta del cuerpo bien convexa. Base umbilicada. Ombligo muy estrecho, parcialmente cubierto por el peristoma reflejado. Abertura lunada; deflecta. Peristoma simple, blanco, algo reflejado. Columela entera, margen columelar algo expandido. Protoconcha de color marrón claro, lisa al comienzo y luego con la misma escultura de la teloconcha, vueltas 1.

Dimensiones: D. 11.33 mm, Alt. 8.63 mm, L. ab. 5.13 mm, Alt. 3.24 mm.

Dimensiones: (n= 124).

Variable	X	Mínimo	Máximo	Rango	DS
Altura	7.1	4.6	10.6	6	1.044
Diámetro	9.79	7.2	12.4	5.2	0.94

Aparato genital con un pene sin verga o papila, con el doble de ancho que la vagina y algo más largo. Músculo retractor del pene sólido y bifurcado. Epifalo marcado y muy corto. Existe un apéndice penial hueco y corpulento a un lado del pene. Bolsa copulatriz con forma de espátula, con un conducto corto y no ramificado. Conducto hermafrodita liso y de color amarillento. Talón bien desarrollado y lobulado.

Las ramas pedales de los músculos tentaculares están fuertemente desarrolladas, dividiéndose en muchas bandas. La banda ocular derecha pasa entre el pene y la vagina.

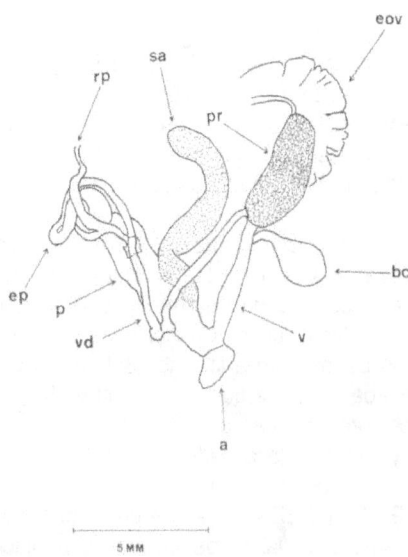

Mandíbula arqueada de tipo poliplacognata con siete placas más largas que anchas y de apariencia acostillada a 30-40 aumentos. Sin dentición en el margen de corte.

Rádula dispuesta en filas transversas rectas. Fórmula: C/3 + 11L/2 + 5M/2. En los dientes laterales aparece una cúspide pequeña en el lado externo del ectocono.

Complejo palial: Riñón típico sigmuretro, de forma triangular y una longitud total de 1 y algo más de ¾ veces la longitud de la base, así como 1 y algo más de ¼ veces la longitud del pericardio.

Iconografía: BINNEY (1878-85, M, fig. 231, R, L. 7 fig. 5); MARTENS (1890-1901, C, L. 7, figs. 15-17); WEBB (1967, G, figs. 18, 20, 24, 25, 31-32); ABBOTT (C, fig. s/n, p. 135); PÉREZ & LÓPEZ (1998a, C, fig. 1, M, fig. 3-A, R, fig. 3-B, CP, fig. 4-A, G, fig. 4-B, C); PÉREZ & LÓPEZ (1999, C, fig. 21).

Hábitat: Casi todos los asentamientos humanos considerados. Vegetación de sabanas, sabanas de jícaros y casi todas las formaciones boscosas estudiadas. Casi todos los tipos de suelo; húmedos y secos, sueltos y compactos. Todas las categorías de iluminación.

Referencias: VANATTA (1915); PILSBRY (1940); WEBB (1967); NECK (1976, 1977); HUBRICHT (1983); AUFFENBERG & STANGE (1989); PÉREZ & LÓPEZ (1998a).

Comentarios: En relación con la morfología de la especie, varios autores han aportado descripciones de la concha (vid. MARTENS, 1890; VANATTA, 1915; PILSBRY, 1940; BURCH, 1962 y HUBRICHT, 1983) con diferente nivel de detalle. BINNEY (1878-85) describió por primera vez la rádula y la mandíbula de esta especie, y WEBB (1967) describió por primera vez el aparato reproductor. El complejo palial no había sido descrito hasta el presente.

Según WEBB (1967), las conchas son de color marrón pálido o gris translúcido uniforme o con una banda marrón sobre la periferia. También pueden ser de color blanco opaco, uniforme o con bandas marrones o gris translúcidas. Este autor planteó que aquellos individuos que son de color marrón uniforme son en parte caracoles de suelo, y en parte, junto a los morfos blancos y con bandas blancas, ascienden sobre la hierba y los arbustos. Nosotros hemos comprobado esta observación, pudiendo agregar que los últimos morfos mencionados también ascienden por paredes y muros en localidades antrópicas.

En un estudio de PÉREZ & LÓPEZ (1998a), se comprobó que las dimensiones de la concha son moderadamente variables dentro y entre poblaciones. Es interesante mencionar que las poblaciones estudiadas por estos autores presentaron tamaños menores (D. 7.20-11.0 mm, ALT. 4.60-7.80 mm) que las poblaciones de *P. griseola* de Texas (D. 10.0-14.0 mm, ALT. 8.40-10.50 mm) estudiadas por HUBRICHT (1983).

La descripción de la mandíbula concuerda en general con la de BINNEY (1878-85), no así en cuanto al número de placas, las cuales según ese autor son 12. No obstante, a pequeños aumentos las membranas entre las placas también podrían ser consideradas como otras placas y en ese caso nuestra descripción sí concuerda completamente con la de BINNEY (1878-85).

La descripción de la rádula concuerda con la dada por BINNEY (1878-85) y sus descripciones de los dientes con nuestros dibujos, excepto en el número de dientes marginales.

La descripción del aparato genital ofrecida por PILSBRY (1940) para el género *Praticolella*, así como la de WEBB (1967) para ejemplares de *P. griseola* recolectados en Texas, concuerdan perfectamente con nuestro material.

Esta especie ha sido citada por TATE (1870) de Mesapa (UTM 16P?), Granada (UTM 16PFJ1419) y San Ubaldo (UTM 16P?), en el departamento de Granada, y del Volcán de Masaya (UTM 16PEJ9523), en el departamento de Masaya, por MARTENS (1890-1901). La cita de Mesapa, en el departamento de Granada se refiere probablemente a Masapa, situada en el vecino departamento de Boaco (UTM 16PFJ4248), mientras que la localidad de San Ubaldo no ha podido ser comprobada por nosotros.

Fuera del área de estudio ha sido recolectada por nuestro grupo en numerosas localidades de los departamentos de Matagalpa, Río San Juan y Boaco. El mapa de distribución del área de estudio y los otros datos disponibles sugieren que la especie podría tener una distribución mucho más amplia en áreas no muestreadas del país. No obstante, hay que ser cautelosos en ese sentido, ya que no se tienen datos sobre la presencia de esta especie en zonas del Atlántico de Nicaragua, lo que concuerda con lo apuntado por NECK (1977), quien señaló que la competencia con otros caracoles tropicales ha adaptado a *P. griseola* a los hábitats secos y podría no presentarse en esos hábitats húmedos.

También es importante señalar que NECK (1977), basándose en datos distribucionales citados por otros autores, mencionó el hecho de que las poblaciones de *P. griseola* presentan patrones de distribución disyunta comparables a los de reptiles y anfibios de las tierras bajas tropicales del Arco del Golfo (vid. MARTIN, 1958, pp. 92-94).

Por otra parte, en casi la totalidad de las localidades estudiadas se presenta en hábitats con diferente grado de antropización, como formaciones vegetales secundarias, cunetas de carreteras y caminos secundarios, áreas verdes de la ciudad, patios de casas, etc., lo que concuerda con lo observado por BEQUAERT & CLENCH (1933) y GOODRICH & SCHALIE (1937), quienes plantearon que se encuentra exclusivamente en lugares con huertos, terraplenes de ferrocarril, áreas urbanas y praderas preparadas para el ramoneo del ganado.

Otros autores como BRANSON & McCOY (1963) han señalado que *P. griseola* es una especie de áreas abiertas, más que de áreas boscosas, apuntando en este sentido que los humanos podrían ampliar la distribución de esta especie más por sus actividades de deforestación que por introducción.

FAMILIA Thysanophoridae Pilsbry, 1926

Thysanophora caecoides (Tate, 1870)

Helix caecoides Tate, 1870. Amer. Journ. Conch., 5, p. 153, L. 16, fig. 2.

Localidad tipo: Chontales, s.l.p.c., Nicaragua (TATE, 1870).

Extensión geográfica: Desde Yucatán hasta Panamá (PILSBRY, 1920c).

Descripción: Concha de forma cónico-globosa. La espira constituye aproximadamente 1/3 de la altura total de la concha. Color marrón claro. Concha translúcida, delgada y algo brillante. Escultura de líneas radiales de crecimiento y liras elevadas periostracales radiales oblicuamente retractivas, las cuales están más o menos interrumpidas. Sutura marcada. Ápice obtuso. Vueltas 4-4.75, convexas. Base perforada. Perforación parcialmente cubierta por la columela. Abertura de forma lunada, ubicada inferiormente respecto a la concha. Peristoma recto y no engrosado. Columela entera y dilatada en la base cubriendo parcialmente la perforación de la base. Protoconcha del mismo color de la concha, escultura más bien lisa, vueltas 1.25.

Dimensiones: D. 2.22 mm, Alt. 1.74 mm, L. ab. 1.24 mm, A. ab. 0.82 mm.

Dimensiones: (n= 24).

Variable	X	Mínimo	Máximo	Rango	DS
Altura	2.41	1.5	3.4	1.9	0.49
Diámetro	2.52	2	3.1	1.1	0.34

Iconografía: STREBEL & PFEFFER (1873-1882, C, L. 4, fig. 13); PILSBRY (1920c, C, p. 93, fig. 4); BAKER (1927a, G, L. 19, fig. 43).

Hábitat: Casi todos los asentamientos humanos considerados. Vegetación de matorrales espinosos y la mayoría de las formaciones boscosas estudiadas. Suelo de tierra con hojarasca con o sin humus, grava volcánica, arena; húmedos y suelos secos sueltos o compactos. Iluminación desde sol abierto hasta sombra.

Referencias: PILSBRY (1920c); BAKER (1927a).

Comentarios: De acuerdo a BAKER (1927a), la anatomía de esta especie es muy similar a la de *T. plagioptycha*, pero el atrio es más largo y más grueso, el conducto espermático es ligeramente más largo, la región hialina en el ápice del espermoviducto es algo más diferenciada, y el talón tiene un ápice más notablemente hinchado. El manto tiene manchas negras similares, pero el collar del manto presenta además bandas negras. El uréter secundario está cerrado sólo la mitad de la longitud del riñón.

De acuerdo a PILSBRY (1920c), esta especie difiere poco de *T. plagioptycha o T. fuscula* en tamaño, forma general y escultura, pero es fácilmente distinguible por el ombligo muy pequeño y parcialmente cubierto por la columela. El ombligo, aunque pequeño, es más grande en las otras especies (*T. fuscula* y *T. plagioptycha*).

Tal y como señaló PILSBRY (op. cit.), *T. caecoides* es una especie muy parecida a *T. plagioptycha* desde el punto de vista conquiológico, pero la diferencia en el ombligo antes mencionada ha sido claramente diagnóstica en nuestro material. *T. caecoides* presenta apenas una perforación, mientras que *T. plagioptycha* tiene una concha claramente umbilicada.

Thysanophora costaricensis Rehder, 1942

Thysanophora costaricensis Rehder, 1942. Journ. Wash. Acad. Sci., 32(11), p. 352, figs. 1-3.

Localidad tipo: La Caja, San José, Costa Rica (REHDER, 1942).

Extensión geográfica: Costa Rica (REHDER, 1942).

Descripción: Concha cónica, moderadamente depresa, opaca y delgada. Espira estrechamente enrollada, constituye aproximadamnete 1/3 de la altura total de la concha. Color marrón. Escultura de costillas radiales de crecimiento cruzadas por costillas periostracales irregulares, retractivas y frecuentemente interrumpidas. El espacio entre estas costillas es mayor que el existente entre las costillas de crecimiento. Ambas costillas tienen aproximadamente el mismo ancho. Sutura muy profunda. Ápice obtuso. Vueltas 5.25, convexas, algo aplanadas bajo la sutura. Ultima vuelta descendiendo levemente. Base umbilicada. El ombligo es profundo y moderadamente grande, constituye 1/4 del diámetro de la concha. Las paredes del ombligo tienen una escultura de gránulos radialmente distribuidos a lo largo de las líneas de crecimiento. Abertura lunada, deflecta. Peristoma simple, delgado. Columela entera y formando una placa callosa parietal. Protoconcha del mismo color de la concha, vueltas 1.25 de las cuales los primeros ¾ se presentan lisos y posteriormente con la misma escultura de la teloconcha.

Dimensiones: Alt. 3.0 mm, D. 4.1 mm.

Dimensiones: (n= 5).

Variable	X	Mínimo	Máximo	Rango	DS
Altura	2.55	2.3	3.0	0.7	0.25
Diámetro	4.05	3.7	4.6	0.9	0.40

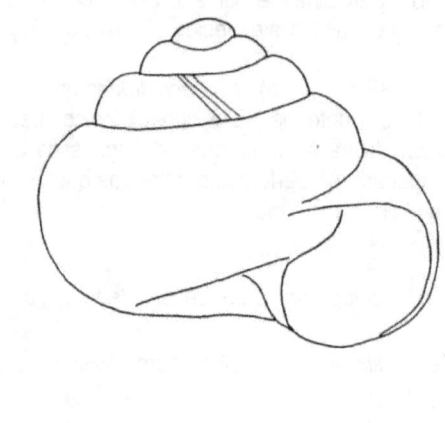

Iconografía: REHDER (1942, C).

Hábitat: Orillas de carreteras, caminos secundarios. Vegetación de bosques bajos caducifolios secundarios, bosques medianos o altos subperennifolios y arboledas. Suelos de tierra con poca hojarasca, tierra con hojarasca y humus; húmedos. Iluminación de umbra.

Referencias: BAKER (1927a); REHDER (1942); PILSBRY (1948).

Comentarios: Esta especie se parece en forma a *T. balboa* Pilsbry, de Panamá, la cual sin embargo es más grande y tiene costillas retractivas más finas. También tiene algún parecido con *T. hornii,* pero presenta una espira más alta que esta última, por lo que son fácilmente separables.

T. costaricensis ha sido recolectada por nosotros en localidades varias de los departamentos de Jinotega y Matagalpa.

Esta especie constituye un nuevo registro para la malacofauna continental de Nicaragua. Los datos aportados en el presente trabajo amplían considerablemente su ámbito de distribución.

Thysanophora crinita (Fulton, 1917)

Trichodiscina (*Thysanophora*) *crinita* Fulton, 1917. Proc. mal. Soc.,12, pp. 240-241.

Localidad tipo: Cartagena de Indias, Colombia (FULTON, 1917).

Extensión geográfica: Colombia (FULTON, 1917); Nicaragua (PÉREZ *et al.* 1998b).

Descripción: Concha de forma discoidal-depresa, opaca y delgada. Presenta un perfil semiaquillado, con una angulación marcada en la parte superior de la vuelta del cuerpo. Espira aplanada. Color marrón. Escultura de líneas radiales muy numerosas (28/mm en la última vuelta), oblicuas y sinuosas y pelos periostracales de la misma coloración de la concha (longitud de uno en la última vuelta= 0.35 mm). Suele presentar tierra y otras partículas adheridas. Sutura profunda. Ápice aplanado. Vueltas 4. Concha umbilicada. Ombligo profundo y ancho que constituye 1/3 del diámetro de la concha; las paredes del ombligo tienen una escultura de gránulos dispuestos radialmente a lo largo de las líneas de crecimiento. Abertura en forma de D, deflecta con respecto al eje de la concha. Peristoma simple y recto. Columela entera. Protoconcha de color marrón, escultura de líneas radiales oblicuas, vueltas 1.

Dimensiones: D. 3.61 mm, Alt. 1.86 mm.

Dimensiones: (n= 81).

Variable	X	Mínimo	Máximo	Rango	DS
Altura	2	1.5	2.6	1.1	0.24
Diámetro	3.51	2.6	4.9	2.3	0.35

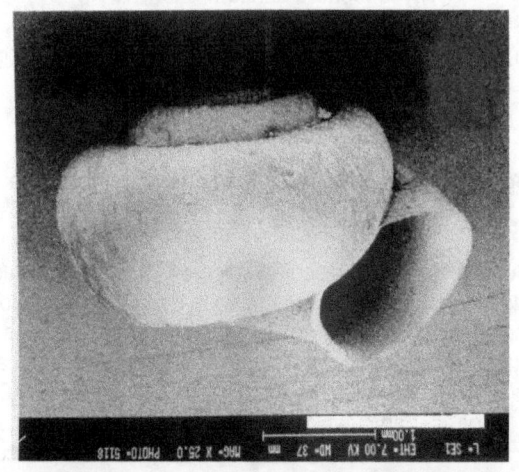

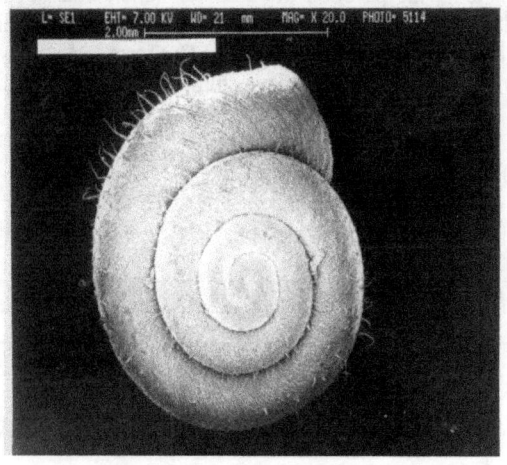

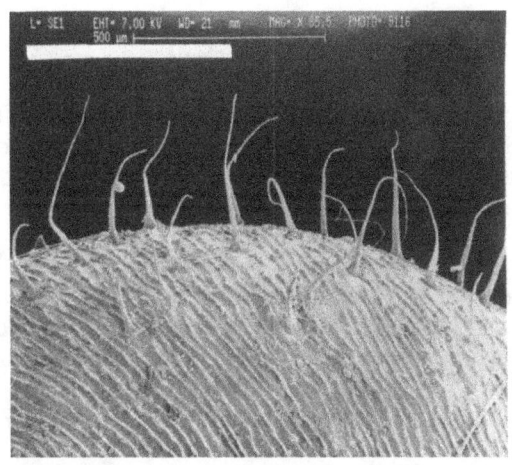

Aparato genital: El retractor ocular derecho pasa entre las ramas masculina y femenina del genital. Atrio de tamaño medio. Pene bien desarrollado (1.06 mm). Retractor conectado a la pared y sobre el pene. Epifalo poco marcado. Vagina de igual ancho y algo menos de la mitad de la longitud del pene (0.39 mm). Próstata delgada y larga. Conducto espermático de tamaño medio-corto. Bolsa copulatriz piriforme y de pequeño tamaño. Se encuentra embebida entre la próstata y los músculos columelares opuestos a la región media-terminal del espermoviducto. Espermoviducto en forma de saco alargado. Glándula del albúmen aproximadamente del mismo tamaño del espermoviducto, aplanada dorsoventralmente y embebida en el hepatopáncreas. Conducto hermafrodita largo y grueso.

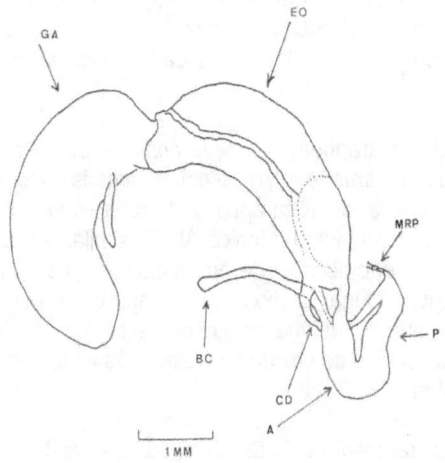

Mandíbula: De forma arqueada, presenta entre 16 y 18 placas estrechas, las cuales ocasionan que el borde de corte sea ligeramente dentado.

Rádula: Presenta 72 filas transversales, casi rectas, de dientes. Fórmula radular: (C/3 + 5L/2 + 6M/2) x 2. Diente central con un mesocono grande y ectoconos reducidos. Dientes laterales y marginales con endoconos grandes y ectoconos reducidos.

Complejo palial: Riñón típico sigmuretro, de forma triangular y una longitud de 2 3/4 veces la base y dos veces la longitud del pericardio. Uréter primario continuado por uno secundario hasta la zona opuesta al extremo anterior del riñón; desde este punto en adelante continuado por un canal abierto.

Animal: Color en vida blanco-amarillento con tentáculos grisáceos. Pie entero.

Iconografía: PÉREZ & LÓPEZ (1999, C, figs 18, G, fig. 19).

Hábitat: La mayoría de los asentamientos humanos considerados. Vegetación de sabanas, sabanas de jícaros y genízaros, así como la mayoría de las formaciones boscosas estudiadas. Casi todos los tipos de suelo; todas las condiciones de humedad. Iluminación desde sol abierto hasta sombra.

Referencias: BAKER (1924, 1927a), PEREZ & LOPEZ (2002).

Comentarios: *T. crinita* es fácilmente separable de *T. caecoides* y *T. costaricensis* por la forma aplanada de la primera y cónica en mayor o menor grado de las otras dos. *T. crinita* es una especie a primera vista parecida a *T. hornii*, pero se diferencia de esta en su color marrón más claro, tamaño algo más pequeño y la presencia de pelos, además de que la forma es diferente; *T. hornii* tiene una espira más alta que *T. crinita* y la vuelta del cuerpo convexa; *T. crinita,* en cambio, presenta un perfil semiaquillado, con una angulación marcada en la parte superior de la vuelta del cuerpo.

Las poblaciones nicaragüenses de *T. crinita* son muy similares a *T. crinita* de Cartagena y a *T.c. arubana*, y presentan dimensiones intermedias entre ambas (Cuadro 2). *T. crinita* de Nicaragua y *T. c. arubana* tienen diámetros y alturas similares, y por consiguiente un índice ALT/D similar. Ambos táxones se diferencian en primer lugar en el ombligo, que proporcionalmente es algo más grande en *T. c. arubana*; en segundo lugar, como se puede apreciar en el Cuadro 2, de acuerdo a la relación entre el número de vueltas y el diámetro, *T.c. arubana* (4.25 vueltas, D. 3.93 mm) es una subespecie de crecimiento algo más lento que *T. crinita* de Nicaragua (4 vueltas, D. 3.84 mm).

Cuadro 2.- Caracteres medidos. D: Diámetro, ALT: Altura, No. V: Número de vueltas, OMB: Ombligo. (1) *T. crinita*, ejemplar de Cartagena [(tomado de FULTON (1917)], (2) *T. crinita*, ejemplar de Nicaragua. Ejemplar de *T.c. arubana* según BAKER 1924 (p. 15, 56).

Especies	D	ALT	No.V	OMB	OMB/D	D/ No.V	ALT/D
T. crinita (1)	3.50	2.00	4	0.91	0.27	0.87	0.57
T. c. arubana	3.93	2.09	4.25	1.20	0.30	0.92	0.53
T. crinita (2)	3.84	2.09	4	0.91	0.24	0.96	0.54

Los ejemplares de *T. crinita* de Cartagena, al igual que los de *T.crinita* de Nicaragua, presentan pelos incluso en conchas de ejemplares adultos; en este sentido, como mencionó BAKER (1924), en *T. c. arubana* sólo los ejemplares juveniles presentan pelos.

Los ejemplares nicaragüenses de *T. crinita* concuerdan anatómicamente con el subgénero *Setidiscus* (BAKER, 1927a), cuya especie tipo es *T. hornii*, un taxon que se distribuye en sur de los Estados Unidos, México y Nicaragua. No obstante, la concha de *T. hornii* en ejemplares nicaragüenses no presenta pelos en ningún momento de su ontogenia, y de acuerdo a la bibliografía sobre esta especie, en ejemplares de Mexico y los Estados Unidos tampoco se hace referencia a la presencia de los mismos.

T. crinita (Fulton, 1917) se conocía hasta el presente de Cartagena, Colombia, y una subespecie, *T.c. arubana* fue descrita de Seroe Canashito, Aruba (BAKER, 1924). La distribución de *T. crinita* sugiere que también podría encontrarse en otros países de América Central al sur de Nicaragua, y no que exista un patrón de distribución disyunta.

Thysanophora hornii (Gabb, 1866)

Helix hornii Gabb, 1866. Amer. Journ. Conch., 2, p. 230, L. 21, fig. 5.

Localidad tipo: Arizona, Estados Unidos (PILSBRY, 1948).

Extensión geográfica: Texas, Arizona, México, Nicaragua (PÉREZ & LÓPEZ, 1995d).

Descripción: Concha de forma discoidal-depresa, opaca y delgada. Espira corta, constituye aproximadamente 1/6 de la altura total de la concha. Color marrón. Escultura de líneas de crecimiento y además estrías o líneas oblicuas más fuertemente retractivas que las líneas de crecimiento. Suele presentar tierra y otras partículas de suciedad fuertemente adheridas. Sutura profunda. Vueltas 3.75-4. Base umbilicada. Ombligo profundo y ancho, aproximadamente 1/3 del diámetro máximo. Abertura de forma de D, sin estructuras bucales, más bien paralela con respecto al eje de la concha. Peristoma simple y recto. Protoconcha de color marrón y con una escultura similar a la de la teloconcha que comienza casi en el núcleo, presenta 1.75 vueltas.

Dimensiones: D. 3.31 mm, Alt. 2.0 mm, L. ab. 1.25 mm, A. ab. 1.24.

Dimensiones: (n= 106).

Variable	X	Mínimo	Máximo	Rango	DS
Altura	2.16	1.5	3	1.5	0.33
Diámetro	3.8	3.1	5	1.9	0.4

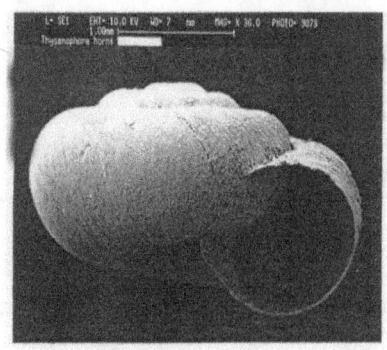

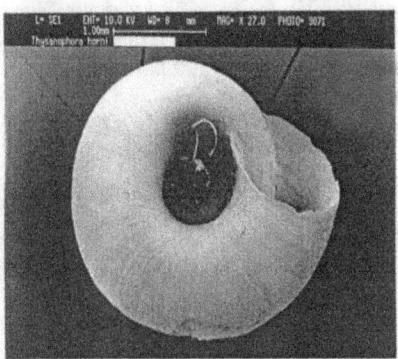

Aparato genital: El retractor del omatóforo derecho pasa entre las ramas masculina y femenina del genital. Pene bien desarrollado y más estrecho en su parte distal. Sin epifalo. Vagina ligeramente más corta que el pene y de igual anchura. Próstata larga y de grosor medio. Espermoviducto de gran tamaño y en forma de saco. El cuarto proximal hialino. Conducto espermático de mediana longitud. Bolsa copulatriz espatuliforme embebida entre la próstata y los músculos columelares opuestos a la zona media proximal del espermoviducto. Talón alargado y de buen tamaño. Glándula del albúmen de casi la misma longitud del espermoviducto y aplanada dorsoventralmente, se encuentra embebida en el hepatopáncreas. Conducto hermafrodita alargado y sinuoso.

Rádula: Presenta 105 filas dispuestas de forma transversal arqueada. Fórmula radular: (C/3 + 15/2 + 3Mi/3 + 2-3 Mex) x 2. Marginales internos con tres cúspides y marginales externos con cúspides reducidas o sin cúspides.

Animal: Color en vida blanquecino con tentáculos grisáceos. Pie entero. Riñón típico sigmuretro.

Iconografía: PILSBRY (1948, G, R, CP); ZILCH (1959-60, C, p. 588, fig. 2065);

179

BURCH (1962, C, p. 136, fig. 329); TILLIER (1989, SD, fig. 607, SN, fig. 608, 609, CP, fig. 610, Ri, 611).

Hábitat: La mayoría de los asentamientos humanos considerados. Vegetación de sabanas, sabanas de jícaros y genízaros, así como la mayoría de las formaciones boscosas estudiadas. Suelos de casi todos los tipos; todas las condiciones de humedad. Iluminación desde sol abierto hasta sombra.

Referencias: BAKER (1927a); PILSBRY (1948).

Comentarios: Según PILSBRY (1948), esta especie es una *Thysanophora* típica, estrechamente relacionada con el tipo del género. El aparato genital de los ejemplares diseccionados por nosotros no coincide con el dado por este autor. En la descripción dada por PILSBRY "el pene tiene un músculo retractor terminal y un epifalo". En nuestros ejemplares no hay epifalo y el pene tiene una longitud bastante mayor que en el ejemplar figurado por este autor.

Fuera del área de estudio la hemos recolectado en los departamentos de Boaco, Matagalpa y Río San Juan.

Thysanophora plagioptycha (Shuttleworth, 1854)

Helix plagioptycha Shuttleworth, 1854. Mit. Bern., p. 37.

Localidad tipo: Humacao, Puerto Rico (BAKER, 1927a).

Extensión geográfica: Las Antillas; En USA, Miami, Osprey y Cayo Fikahatchee en Florida y Brownsville en Texas; Venezuela, Colombia y desde México hasta Panamá (PILSBRY, 1940).

Descripción: Concha heliciforme-cónica, delgada, translúcida y brillante. La espira constituye aproximadamente 1/4 de la altura total de la concha. Color marrón. Escultura con líneas de crecimiento poco marcadas, así como líneas periostracales elevadas muy oblicuamente retractivas que pueden estar más o menos interrumpidas. Sutura profunda. Base umbilicada. El ombligo contenido 7.5-8 veces en el diámetro máximo. Vueltas 4.5-4.75, convexas. Abertura lunada, deflecta. Peristoma simple y no reflejado. Columela entera y levemente reflejada. Protoconcha de color marrón, escultura de líneas radiales fuertemente oblicuas, vueltas 1.

Dimensiones: Alt. 1.2 mm, D. 1.62 mm, L. ab. 0.77 mm, A. ab. 0.47 mm.

Dimensiones: (n= 4).

Variable	X	Mínimo	Máximo	Rango	DS
Altura	1.37	1.2	1.6	0.4	0.2
Diámetro	1.75	1.5	2	0.5	0.23

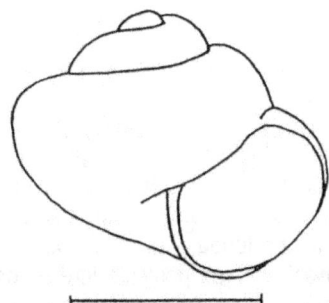

Iconografía: PILSBRY (1920c, C, p. 4, fig. 2); BAKER (1927a, G, L. 19, fig. 45, CP, L. 19, fig. 46); PILSBRY (1940, C, p. 989, fig. 576); SCHALIE (1948, C, L. 5, fig. 12); ZILCH (1959-60, C, p. 588, fig. 2066); BURCH (1962, C, p. 135, fig. 327).

Hábitat: Orillas de caminos secundarios y puentes. Vegetación de bosques bajos o medianos caducifolios secundarios. Suelos de tierra con hojarasca y humus, grava volcánica con hojarasca; húmedos. Iluminación de penumbra y umbra.

Referencias: BAKER (1927a); PILSBRY (1920c, 1948).

Comentarios: Las diferencias entre *T. plagioptycha* y *T. caecoides*, una especie muy relacionada, se discuten en el apartado Comentarios de esta última.

FAMILIA Bulimulidae Tryon, 1867

Bulimulus corneus (Sowerby, 1833)

Bulinus corneus Sowerby, 1833. P. Z. S., p. 37.

Localidad tipo: Polvón, Departamento de Chinandega, Nicaragua (PILSBRY, 1895-1902).

Extensión geográfica: México, Guatemala, Nicaragua y Costa Rica (MARTENS, 1890-1901).

Descripción: Concha bulimuloide-cónica, delgada y translúcida, permitiendo apreciar las bandas oscuras que puntean el manto. La espira constituye aproximadamente 1/3 de la altura total. Color marrón. Escultura de líneas de crecimiento radiales. Sutura profunda. Ápice obtuso. Vueltas 5.5 a 6, convexas. Base perforada. Abertura aovada, en posición inferior con respecto a la concha. Peristoma delgado, y no reflejado. Columela entera y ligeramente extendida sobre el ombligo. Protoconcha del mismo color de la teloconcha, con escultura de arrugas radiales sinuosas, vueltas 1.25.

Dimensiones: D. 7.92 mm, Alt. 13.25 mm, L. ab. 4.82 mm, A. ab. 2.93 mm.

Aparato genital: Pene con una vaina ancha, dilatada en su parte central. Ciego penial corto y delgado en el que se inserta el músculo retractor penial. Conducto de la bolsa copulatriz engrosado en su parte media, terminando distalmente en una bolsa de forma globosa. Vagina más o menos fusiforme, ligeramente más larga que el pene y con 2/3 de su ancho.

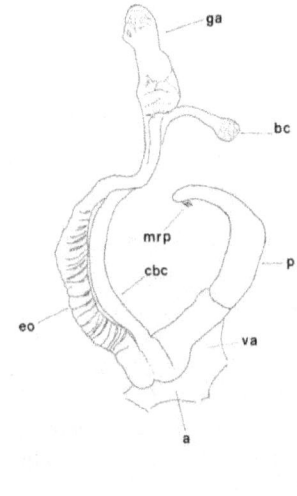

Mandíbula: estenognata, con 14 placas dispuestas paralelas unas con respecto a las otras. Borde de corte más bien liso.

Rádula: consta de 172 filas transversales levemente arqueadas. Fórmula radular: 1C/3 + 16L/2 + 22M/2. Diente central tricúspide y con mesocono lanceolado y ectoconos más pequeños. Los dientes centrales son algo más pequeños que los dientes lateromarginales, los cuales son bicúspides, con mesoconos lanceolados y alargados.

Animal: en vida es de color marrón claro. Manto con manchas negras sobre el fondo marrón claro, perfectamente apreciables a través de la concha.

Dimensiones: (n= 44).

Variable	X	Mínimo	Máximo	Rango	DS
Altura	12.40	10.0	19.90	9.90	2.02
Diámetro	7.32	5.8	11.35	5.55	0.99

Iconografía: BINNEY (1878-85, R, M); MARTENS (1890-1901, C, L. 15, fig. 9); PILSBRY (1895-1902, C, L. 10, fig. 68); PÉREZ & LÓPEZ (1995a, G), PÉREZ & LÓPEZ (1997, C, G); PÉREZ & LÓPEZ (1999, C, fig. 24, G, fig. 25).

Hábitat: Todos los asentamientos humanos considerados y todos los tipos de vegetación boscosa y no boscosa. Casi todos los tipos de suelo, excepto ladrillos; todas las condiciones de humedad. Iluminación desde sol abierto hasta sombra.

Referencias: BREURE (1979); PÉREZ & LÓPEZ (1995a, 1997), PÉREZ *et al.* (1996).

Comentarios: Se ha encontrado que las dimensiones de la concha son muy variables dentro y entre poblaciones, como ha sido mencionado por PILSBRY (1895-1902).

Esta especie fue citada por MARTENS (1890-1901) del Realejo, departamento de Chinandega, San Juan Castillo y los rápidos del Toro, en el departamento de Río San Juan. Fue citada de Bluefields por FLUCK (1900).

En el mapa de esta especie se puede observar una distribución continua entre los puntos de muestreo, sugiriendo, como señaló JACOBSON (1968), que la ausencia en otras áreas es debido a la ausencia de muestreos y no a que realmente la especie no esté presente en esos puntos. De manera que *B. corneus* probablemente esté distribuida en todo el país.

B. corneus tiene una amplia tolerancia ecológica, distribuyéndose desde bajas altitudes hasta más de 2,000 m. La especie habita un número notable de diferentes micro-hábitats, incluyendo suelo con hierbas, suelo con hojarasca, troncos de árboles, troncos muertos, piedras, paredes de casas en ruinas, etc. La amplia distribución geográfica de la especie probablemente pueda ser explicada por los numerosos micro-hábitats que es capaz de ocupar.

MARTENS (1890-1901) planteó que esta especie está estrechamente relacionada con *Bulimulus unicolor* (Sowerby, 1833), lo cual fue confirmado por PILSBRY (1895-1902). Ninguno de estos autores reconoció el registro de TATE (1870) de *B. unicolor* para Granada, Mesapa y San Nicolás en la vertiente Pacífica de Nicaragua. En relación con la presencia de *B. unicolor* en Nicaragua, el registro de TATE (1870) puede haber tenido su origen en la notable variabilidad de *B. corneus*. Nosotros consideramos que sólo *B. corneus* se encuentra en Nicaragua.

En este sentido, PILSBRY (1895-1902), citó Greytown (RAAS), y posteriormente FLUCK (1900) citó Bluefields (RAAS), como localidades para *B. unicolor* en Nicaragua. Más recientemente, BREURE (1979) citó la Isla Perico en la bahía de Panamá como la única localidad para esta especie en América Central.

Sin embargo, el material que hemos recolectado en Bluefields y otras dos localidades cercanas (Las Delicias y La Fonseca), concuerda muy bien con la descripción de *B. corneus*, por lo que las citas bibliográficas anteriores deben referirse, en nuestra opinión, a esta especie.

Drymaeus alternans (Beck, 1837)

Bulimus (Bulimulus) alternans Beck, 1837. Index Moll., p. 65

Localidad tipo: Panzos, Guatemala (PILSBRY, 1895-1902).

Extensión geográfica: Norte y Centro de Guatemala, Centro de Costa Rica, Sur de Panamá (MARTENS, 1890-1901).

Descripción: Concha aovada-cónica, delgada pero moderadamente sólida. Superficie brillante, lisa. La espira constituye algo menos de 1/3 de la altura total de la concha. Color de fondo blanco o crema con cinco bandas espirales marrones; la superior estrecha, rodeando la sutura de borde blanco; la quinta formando un parche umbilical más bien grande. Escultura de pliegues de crecimiento leves y estrías espirales incisas finas, cercanas e impresas, en algunos especímenes subobsoletas en algunas zonas; se disponen a una distancia de algo más del triple de su ancho. Sutura poco marcada. Ápice semiobtuso. Vueltas 5-6, moderadamente convexas. Base estrechamente perforada. Abertura aovada, con bandas en el interior, dispuesta latero-inferiormente con respecto al eje de la concha. Peristoma delgado, no expandido. El margen columelar reflejado triangularmente encima. Columela recta o con un pliegue bajo y convexo encima. Protoconcha con escultura típica de *Drymaeus*, de hoyitos regularmente dispuestos, color marrón y 1.5 vueltas.

Dimensiones: D. 10.41 mm, Alt. 18.56 mm, L. ab. 8.70 mm, A. ab. 5.02 mm.

Dimensiones: (n= 3).

Variable	X	Mínimo	Máximo	Rango	DS
Altura	20.9	18.56	22.7	4.14	2.54
Diámetro	10.5	10	11	1	0.50

Iconografía: BINNEY (1878-85, M, R); PILSBRY (1895-1902, C, L. 15, figs. 38, 39, 40); BREURE & ESKENS (1981, G, figs 160-161a, G, figs. 162-172, Es, 173).

Hábitat: Cafetal bajo árboles. Vegetación de bosque alto perennifolio. Suelo con hojarasca y hojas de plátano; húmedo. Iluminación de sol filtrado.

Referencias: MARTENS (1890-1901); BREURE & ESKENS (1981).

Comentarios: Esta especie constituye un nuevo registro para la malacofauna continental de Nicaragua.

Drymaeus discrepans (Sowerby, 1833)

Bulimus discrepans Sowerby, 1833. P. Z. S., p. 72.

Localidad tipo: Salama, Guatemala (PILSBRY, 1895-1902).

Extensión geográfica: Guatemala, El Salvador, Nicaragua y Costa Rica (MARTENS, 1890-1901).

Descripción: Concha alargada cónica, opaca, frágil. La espira constituye aproximadamente 1/3 de la altura total de la concha. Color de fondo blanco-crema. Presenta bandas radiales oblicuas de color marrón oscuro, interrumpidas en la parte media superior de cada vuelta. Se disponen espaciadamente y a intervalos regulares. En la vuelta del cuerpo hay una banda espiral del mismo color en la zona media-inferior y otra banda que parte desde la zona columelar y bordea la vuelta del cuerpo hasta el peristoma. Escultura de pliegues finos radiales oblicuos surcados por estrías incisas espirales muy finas. Sutura leve. Ápice moderadamente obtuso. Vueltas 5.5, poco convexas excepto la vuelta del cuerpo que es convexa. Base perforada. Abertura aovada. Ubicada en posición latero-inferior respecto a la concha. Peristoma simple y no reflejado. Columela entera, dilatada en su parte superior y afinándose hacia abajo. Protoconcha de color marrón claro, escultura típica del género, vueltas 1.

Dimensiones: Alt. 14.33 mm, D. 7.12 mm, L. ab. 6.57 mm, A. ab. 3.98 mm.

Dimensiones: (n= 48).

Variable	X	Mínimo	Máximo	Rango	DS
Altura	15.73	13.1	20.4	7.3	1.73
Diámetro	7.5	6.4	8.8	2.4	0.53

Aparato genital: Pene largo y estilizado, con una vaina larga que cubre 1/3 de su longitud, dilatado en su parte proximal. Ciego penial apical muy corto y cilíndrico, en el que se inserta el músculo retractor penial. Epifalo inconspicuo que se continúa en el conducto deferente largo. Vagina de la misma anchura que el pene, y aproximadamente 1/3 de su longitud. Conducto de la bolsa copulatriz cilíndrico y alargado, más delgado en su inicio; ésta es alargada y espatuliforme-cilíndrica. Próstata alargada, con más o menos la longitud del espermoviducto.

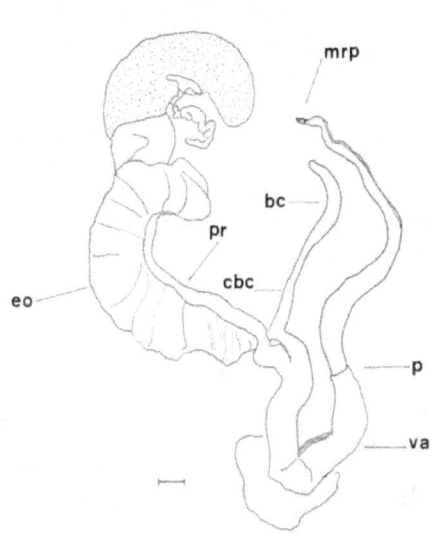

Mandíbula: de tipo estenognata. Con 39 láminas dispuestas paralelamente unas con relación a las otras. Borde de corte liso.

Rádula: con 134 filas en forma de V abierta. Fórmula radular: 1C + 2(122L-M). Dientes muy pequeños y con 2 o 3 dentículos también muy pequeños.

Complejo palial típico sigmuretro. Riñón dos veces más largo que ancho; con la misma longitud del corazón. Uréter abierto en su segunda mitad.

Iconografía: PILSBRY (1895-1902, C, L. 12, figs. 18, 19).

Hábitat: La mayoría de los asentamientos humanos considerados. Vegetación de sabanas, sabanas de jícaros y bosques bajos y medianos de todos los tipos estudiados. La mayoría de los tipos de suelo y todas las condiciones de humedad. Iluminación desde sol abierto hasta sombra.

Referencias: MARTENS (1890-1901); PILSBRY (1895-1902); BREURE (1979).

Comentarios: El nombre *discrepans* se refiere a la diferencia en las bandas de color entre la parte superior e inferior de la concha: sobre la parte superior de la última vuelta y en la parte visible de las vueltas precedentes las bandas son muy estrechas pero finamente delineadas, oblicuas, de color marrón oscuro, dos de ellas están frecuentemente más cerca una de la otra; en la base de la última vuelta, por el contrario, se presentan dos bandas espirales oscuras, y el espacio entre ellas es algunas veces amarillo pero frecuentemente blanco, como el resto de la concha. Esta especie se diferencia de la muy cercana *D. multilineatus* en la razón ALT/ D; en *D. discrepans* esta proporción es aproximadamente 2 y en *D. multilineatus* es algo mayor que 2.2.

El aparato reproductor de *D. discrepans* aquí estudiado es muy similar al presentado por BREURE & ESKENS (1981) para *D. multilineatus*. Se diferencia de esta última especie en que *D. discrepans* tiene una próstata el doble de larga que *D. multilineatus*, una bolsa copulatriz también más larga y un flagelo con la mitad de la longitud del que tiene *D. multilineatus*.

Ha sido citada por MARTENS (1890-1901) de Granada (UTM 16PFJ1419), Mesapa y San Nicolás (UTM 16PFJK6144), en el departamento de Chontales. La localidad de Mesapa es en realidad Masapa (UTM 16PFJ4248), en el departamento de Boaco.

Fuera del área de estudio ha sido recolectado por nosotros en localidades varias de los departamentos de Chontales y Matagalpa.

Drymaeus dominicus Reeve, 1850

Drymaeus dominicus Reeve, 1850. Conch. Icon., L. 88. fig. 657.

Localidad tipo: Puerto Plata, Haití (PILSBRY, 1895-1902).

Extensión geográfica: Cuba, Haití, Florida, sureste de México y Nicaragua (PILSBRY, 1895-1902).

Descripción: Concha aovada-cónica, opaca, moderadamente sólida. La espira constituye aproximadamente 1/3 de la altura total de la concha. Color crema. Presenta bandas espirales de color marrón más claras en algunos puntos, dando la impresión de ser manchas y no bandas. Presenta 5 en la vuelta del cuerpo y 3 en la vuelta anterior. Las bandas que se encuentran en la vuelta del cuerpo debajo de la angulación son continuas o casi y tienen un color más intenso. Escultura de estrías espirales incisas muy finas y pliegues finos radiales oblicuamente dispuestos. Sutura leve. Ápice obtuso. Vueltas 5, aplanadas, vuelta del cuerpo con una angulación leve. Base perforada. Abertura ampliamente aovada, ubicada en posición lateral respecto a la concha. Peristoma simple y no reflejado. Columela entera, dilatada en su parte superior y afinándose hacia abajo. Protoconcha de color crema, escultura de hoyitos regularmente dispuestos típica del género, vueltas 2.

Dimensiones: Alt. 12.28 mm, D. 7.33 mm, L. ab. 6.21 mm, A. ab. 3.61 mm.

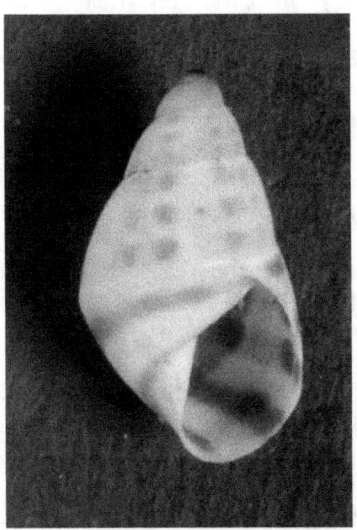

Mandíbula: de tipo estenognata. Con 15 láminas dispuestas paralelamente unas con relación a las otras. Borde de corte liso.

Rádula: compuesta por 88 filas contadas dispuestas en forma de V abierta y con uno de los brazos más corto. Fórmula radular: 1C + 10L + 38-42M/2.

Complejo palial: típico sigmuretro. Riñón una vez y media más largo que ancho, con la misma longitud del corazón. Uréter cerrado en toda su trayectoria.

Animal en vida de color blanco grisáceo.

Iconografía: PILSBRY (1895-1902, C, L. 20, figs. 30, 31, 32, L. 5, fig. 26); BAKER (1923b, R, L. 1, fig. 2); PILSBRY (1946, C, fig. 14a-g); ZILCH (1959-60, C, p. 494, fig. 502); BURCH (1962, C, p. 133, fig. 321); BREURE & ESKENS (1881, G, figs. 188-189).

Hábitat: Orillas de la carretera, caminos secundarios, orillas de puentes y ríos, terrenos de pastoreo, tierra amontonada, quebradas, cauces y plantaciones. Vegetación de sabanas, sabanas de jícaros y la mayoría de las formaciones boscosas estudiadas. La mayoría de los tipos de suelo y condiciones de humedad. Iluminación desde sol abierto hasta sombra.

Referencias: BREURE (1979).

Comentarios: Según PILSBRY (1946) *Drymaeus dominicus* es el nombre más antiguo para una concha que tenía varios nombres, tales como *dominicus,* *marielinus, floridanus* y *hemphili,* en Haití, Cuba, Florida y México respectivamente. Los especímenes recolectados por TATE (1870) en Nicaragua, etiquetados con el nombre *B. maculatus,* son *D. dominicus* típicos.

Esta especie se diferencia de las otras especies del género encontradas en el área de estudio en la angulación que presenta en la vuelta del cuerpo y en el patrón de bandas de color, moderadamente anchas e interrumpidas, que dan la impresión de ser manchas más bien cuadradas.

Las mediciones ofrecidas corresponden al ejemplar adulto de mayor tamaño que fue recolectado. Los datos de la mandíbula y el complejo palial constituyen nuevas aportaciones al conocimiento de la especie.

Ha sido citada de San Nicolás, en el departamento de Chontales (TATE, 1870). Fuera del área de estudio ha sido recolectada por nosotros en Bosawás, departamento de Jinotega.

Drymaeus multilineatus (Say, 1825)

Bulimus multilineatus Say, 1825. Journ. Acad. Phil., 5, p. 120.

Localidad tipo: Cayo Hueso, Florida (PILSBRY, 1895-1902).

Extensión geográfica: Desde Florida en USA hasta Venezuela (MARTENS, 1890-1901).

Descripción: Concha alargada-cónica, opaca, frágil. La espira constituye algo menos de ½ de la altura total de la concha. Color de fondo blanco-crema. Presenta bandas radiales oblicuas y finas, siempre irregularmente dispuestas, de color marrón, cuyo número varía entre vueltas. En la vuelta del cuerpo son más numerosas. Frecuentemente se presenta una banda espiral también marrón y del mismo grosor que las radiales en la zona media-superior de cada vuelta. En la vuelta del cuerpo se presenta una banda espiral más gruesa que las radiales en la región media inferior, y otra banda mucho más gruesa que la anterior que comienza en la columela y gira sólo hasta la zona trasera de la vuelta del cuerpo, sin llegar hasta el peristoma. En todas las vueltas hay zonas de ausencia de color que interrumpen las bandas radiales. Ápice moderadamente agudo. Vueltas 6.5. Base perforada. Abertura alargadamente aovada, ubicada en posición latero-inferior. Peristoma simple y no reflejado. Columela entera, algo engrosada y dilatada en su parte superior y afinándose hacia abajo. Protoconcha de color marrón claro, escultura típica del género, vueltas 1.

Dimensiones: Alt. 18.57 mm, D. 8.04 mm, L. ab. 7.12 mm, A.ab. 3.54 mm.

Dimensiones: (n= 5).

Variable	X	Mínimo	Máximo	Rango	DS
Altura	16.85	15.4	18.57	3.17	1.68
Diámetro	7.37	6.8	8.04	1.24	1.22

Iconografía: PILSBRY (1895-1902, C, L. 11, figs. 27-33); BAKER (1923b, R, L. 1, fig. 5); PILSBRY (1946, C, A, fig. 15 a, b, c, e, d); BURCH (1962, C); BREURE & ESKENS (1981, G); ABBOTT (1989, C, fig. s/n, pp. 99, 100).

Hábitat: Orillas de carretera con vegetación de matorrales espinosos. Tierra sin hojarasca, suelos secos sueltos, iluminación de sol filtrado.

Referencias: MARTENS (1890-1901); PILSBRY (1895-1902); BREURE (1979).

Comentarios: *D. multilineatus* está muy relacionada *con D. discrepans*. Los caracteres para la separación entre ambas especies se discuten en el apartado de Comentarios de esta última.

Drymaeus translucens (Broderip, 1832)

Bulinus translucens Broderip, 1832. P.Z.S., p. 31.

Localidad tipo: Islas King, Bahía de Panamá (PILSBRY, 1895-1902).

Extensión geográfica: Panamá, s.l.p.c. (MARTENS, 1890-1901); Nicaragua, s.l.p.c. (PILSBRY, 1895-1902).

Descripción: Concha alargada cónica, translúcida, muy frágil. La espira constituye algo menos de 1/3 de la altura total de la concha. Color marrón. Escultura de líneas incisas espirales muy cercanas y pliegues radiales finos. Sutura leve. Ápice obtuso. Vueltas 5, aplanadas excepto la vuelta del cuerpo que es algo convexa. Crecimiento rápido. Base perforada. Abertura aovada, ubicada en posición latero-inferior con respecto a la concha. Peristoma simple y no reflejado. Columela entera, dilatada en su parte superior y afinándose hacia abajo; algo sinuosa y torcida hacia fuera en su parte inferior.

Dimensiones: Alt. 15.22 mm, D. 8.18 mm, L. ab. 6.38 mm, A. ab. 4.20 mm.

Dimensiones: (n= 2).

Variable	X	Mínimo	Máximo	Rango	DS
Altura	18.17	15.22	21.13	5.91	4.17
Diámetro	9.45	8.18	10.73	2.55	1.80

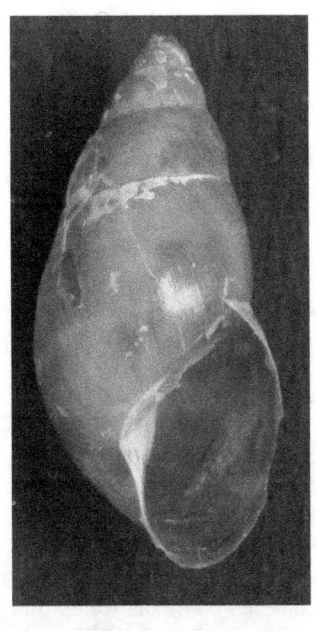 

Iconografía: PILSBRY (1895-1902, C, L. 24, figs. 28, 29).

Hábitat: Bosque montano alto perennifolio, pluvisilva. Suelo húmedo de tierra con rocas y hojarasca. Iluminación de umbra y penumbra.

Referencias: BREURE (1979); MARTENS (1890-1901).

Comentarios: Es una especie de tamaño notable que aparentemente ha quedado recluida a una sola localidad en la región del Pacífico, el volcán Mombacho, en el departamento de Granada. Presenta una concha de color entero más parecida a la de un *Bulimulus* que a la de un *Drymaeus*, pero tiene la escultura típica del género en la protoconcha.

Fue citada por PILSBRY (1895-1902) de Nicaragua, sin localidad precisa consignada.

FAMILIA Orthalicidae Pilsbry, 1899

Orthalicus ferussaci Martens, 1863

Orthalicus ferrussaci Martens, 1863. Monatsber. Akad. Wiss. Berlin, p. 542

Localidad tipo: Tehuantepec, México [MARTENS (1863), según MARTENS (1890-1901)].

Extensión geográfica: México, Guatemala, Nicaragua, Costa Rica, Colombia, Venezuela, Ecuador (MARTENS, 1890-1901).

Descripción: Concha aovada-cónica, opaca, sólida. La espira constituye aproximadamente 1/4 de la altura total de la concha. Color crema. Presenta bandas radiales zigzagueantes de color marrón y con uno de los bordes blancos. Estas bandas están surcadas por líneas espirales interrumpidas de color marrón; una en cada vuelta y 3 en la vuelta del cuerpo. Escultura de estrías radiales incisas dispuestas oblicuamente y pliegues finos también radiales. Ambos dispuestos irregularmente. Esta escultura está surcada por finas líneas espirales. Sutura medianamente profunda. Vueltas 6, moderadamente convexas excepto la vuelta del cuerpo que es globosa. Base imperforada. Abertura ampliamente aovada, ubicada latero-inferiormente. Peristoma simple y no reflejado. Columela entera y algo engrosada. Presenta un saliente en su inserción con el peristoma que podría dar la impresión de una truncadura. Columela de color blanco. Protoconcha de color crema, con escultura lisa, vueltas 1.

Dimensiones: Alt. 52.28 mm, D. 33.07 mm, L. ab. 25.93 mm, A. ab. 18.02 mm.

Dimensiones: (n= 3).

Variable	X	Mínimo	Máximo	Rango	DS
Altura	53.85	52.28	54.9	2.62	1.48
Diámetro	31.95	31.1	33.07	1.97	1.42

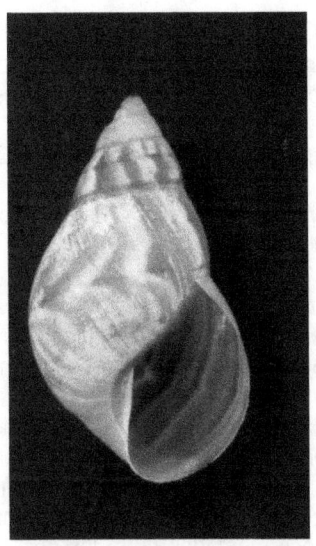

Iconografía: MARTENS (1890-1901, C, L. 10, figs. 8-10); PILSBRY (1895- 1902, C, L. 17, figs. 13-17).

Hábitat: Orillas de carreteras y caminos secundarios. Vegetación de bosques bajos caducifolios secundarios y bosques medianos o altos subperennifolios. Suelos de tierra con hojarasca con o sin humus; húmedos. Iluminación de umbra.

Referencias: MARTENS (1890-1901); PILSBRY (1895-1902).

Comentarios: Según MARTENS (1890-1901), esta especie se caracteriza principalmente por la combinación de líneas y bandas espirales. Algunos ejemplares recuerdan al juvenil de *Orthalicus princeps*.

Esta especie fue citada por MARTENS (1890-1901) de Acoyapa, en el departamento de Chontales.

Orthalicus princeps (Broderip, 1833)

Bulimus princeps Broderip *in* Sowerby, 1833. Conch. Illustr., fig. 18.

Localidad tipo: Mazatlán, México (PILSBRY, 1895-1902).

Extensión geográfica: México, Guatemala, El Salvador, Nicaragua, Costa Rica, Panamá (MARTENS, 1890-1901).

Descripción: Concha aovada-cónica, sólida y opaca.   La espira constituye aproximadamente 1/4 de la altura total de la concha. Color de fondo blanco-crema.   Presenta bandas radiales de color desde marrón hasta azulado; las bandas hacen zig-zag y van aumentando en grosor de arriba hacia abajo. Debido a la proximidad de los picos producidos por el zig-zag de las bandas, se forman 3 bandas espirales aparentes en la vuelta del cuerpo; en la penúltima y antepenúltima vuelta se presentan dos bandas espirales, una sutural y otra central. Usualmente se presenta una banda periestomática. Escultura de líneas radiales de crecimiento poco marcadas entre las que se presentan algunas muy marcadas a intervalos irregulares. También se presentan líneas espirales muy finas y muy juntas. Ápice obtuso. Vueltas 5.5, convexas. Base imperforada. Abertura ampliamente aovada, ubicada latero-inferiormente. Peristoma simple y no reflejado. Columela entera y ligeramente engrosada. Se presenta un callo columelar delgado y del color de las bandas de la concha. Protoconcha de color marrón o marrón-azulado, es decir, del mismo color de las bandas de la concha, escultura lisa, vueltas 2.

Dimensiones: D. 27.27 mm, Alt. 42.40 mm, L. ab. 22.63 mm, A. ab. 14.26 mm.

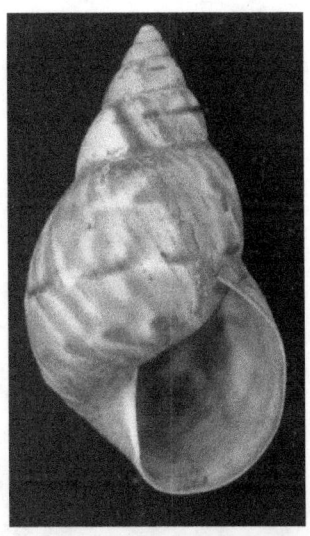

Aparato reproductor con un pene largo y muscularizado, algo dilatado en su parte proximal, donde presenta un apéndice penial tetralobulado. Ciego penial largo, supone 1/3 de la logitud total del pene. Bolsa copulatriz redondeada y pequeña; conducto de la bolsa copulatriz muy largo. Vagina larga y con el doble del ancho del pene. Glándula del albúmen de tamaño moderado en relación con el espermoviducto que está muy desarrollado.

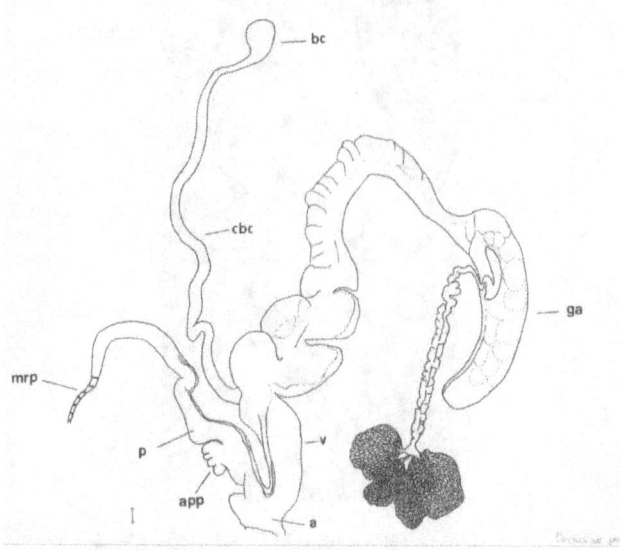

Hábitat: Arboledas y bosques de galería. Suelos compuestos por arena y materia orgánica con hojarasca; húmedos. Iluminación de sol filtrado.

Porcentaje de cuadrículas: 1.80 % (4).

Referencias: MARTENS (1890-1901); SOLEM (1959).

Comentarios: Según MARTENS (1890-1901), las especies del género *Orthalicus* de México y América Central, están muy relacionados entre sí, y puede ser cuestionado si no se hibridan tanto como para ser considerados variedades de una misma especie. La escultura es esencialmente la misma en todas las especies: estriación espiral, la cual es más o menos visible en dependencia del grado de preservación de la superficie de la concha, y además, una débil estriación de crecimiento, la cual es más fuerte inmediatamente bajo la sutura.

Teniendo en cuenta que MARTENS (1890-1901), a pesar de los comentarios anteriores, no sinonimizó ninguna de estas especies, y además que no existe un estudio anatómico que permita esclarecer la situación taxonómica del grupo y, que hay al menos un carácter en cada especie que permite separarlas de las otras, nosotros hemos decidido considerarlas todas de momento como especies válidas.

O. princeps se diferencia de *O. ferussaci* en la coloración del callo columelar, que en esta última especie es blanco-crema y en *O. princeps* es del color de las bandas presentes en la concha, es decir, marrón o marrón-azulado.

Esta especie fue citada de Nicaragua, sin localidad precisa consignada, por MARTENS (1890-1901). Fuera del área de estudio ha sido recolectada por nosotros en localidades varias del departamento de Matagalpa.

Anteriormente a esta cita, PEREZ (1999) y PEREZ Y LOPEZ (2002), habían citado a *Orthalicus melanochilus* (Valenciennes, 1833) para esta zona del país, pero la población estudiada resultó tener un aparato genital coincidente con el de *O. princeps*, por lo que en este trabajo desestimo la presencia de *O. melanochilus* para el Pacífico de Nicaragua y probablemente para todo el país.

FAMILIA Systrophiidae Thiele, 1926

Drepanostomella pinchoti Pilsbry, 1930

Drepanostomella pinchoti Pilsbry, 1930. Proc. Acad. Nat. Sci. Phila., 82, pp. 346-347, figs, 3, 3a, 3b.

Localidad tipo: Colinas cerca del Río Mandingo, Golfo de San Blas, Panamá (PILSBRY, 1930).

Extensión geográfica: Panamá (PILSBRY, 1930).

Descripción: Concha discoidal, translúcida, frágil. *Espira hundida.* Color amarillo. *Escultura de líneas de crecimiento espaciadas y sinuosas.* Sutura leve. Ápice hundido. Vueltas 3, planas, excepto la vuelta del cuerpo que es convexa. Base umbilicada. El ombligo constituye casi 1/3 del diámetro total de la concha. Abertura en forma de D estrecha y alargada, deflecta. Peristoma simple, curvado hacia abajo en su parte superior y engrosado levemente en la zona basal. Columela entera. Protoconcha de color amarillo, escultura lisa, vueltas 1.

Dimensiones: D. 1.5 mm, Alt. 1 mm.

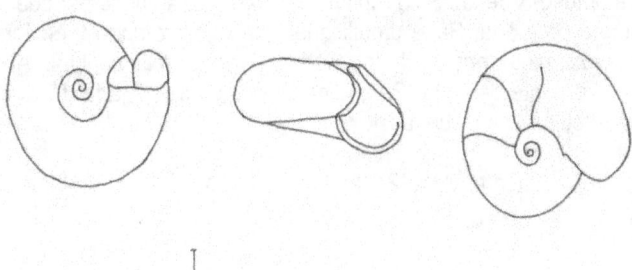

Iconografía: PILSBRY (1930, C, figs, 3, 3a, 3b).

Hábitat: Orilla de río, bosque de galería. Suelo de tierra con hojarasca y humus; húmedo. Iluminación de umbra.

Comentarios: Esta especie es muy característica y puede ser separada del resto de las especies presentes en el área de estudio, por su espira hundida, su escultura de líneas de crecimiento espaciadas y sinuosas, y por su abertura deflecta, que le confiere a la concha una forma arqueada.

Constituye un nuevo registro para la malacofauna continental de Nicaragua y una extensión notable en el ámbito distribucional de la especie.

Esta especie procedente de Panamá ha sido recolectada solamente en un punto y del departamento de Boaco, que es una zona de transición entre la región del Pacífico y la región montañosa del Centro-Norte del país, lo que hace pensar, en primer lugar, que su distribución en Nicaragua no debe ser mucho más amplia que la encontrada por nosotros, y en segundo lugar, que debe haber sido introducida en Nicaragua en tiempos recientes, por lo que no ha tenido tiempo de extenderse.

Miradiscops opal (Pilsbry, 1919)

Pseudohyalina opal Pilsbry, 1919. Proc. Acad. Nat. Sci. Phila., 71, p. 216, L. 11, fig. 7.

Localidad tipo: Polvón, Nicaragua (PILSBRY, 1919).

Extensión geográfica: Nicaragua (PILSBRY, 1919).

Descripción: Concha heliciforme, opaca, frágil. La espira constituye aproximadamente 1/5 de la altura total de la concha. Color córneo. Escultura de líneas finas radiales algo oblicuas y muy unidas. Sutura profunda. Ápice ampliamente obtuso. Vueltas 3.75, aplanadas excepto la vuelta del cuerpo que es convexa. Sutura profunda. Base umbilicada. Ombligo profundo y en forma de U. Constituye aproximadamente 1/4 del diámetro total de la concha. Abertura en forma de D, levemente deflecta. Peristoma simple y no reflejado. Protoconcha de color córneo, escultura lisa, vueltas 1.

Dimensiones: Alt. 1.05 mm, D. 1.92 mm, L. ab. 0.72 mm, A. ab. 0.45 mm.

Dimensiones: (n= 13).

Variable	X	Mínimo	Máximo	Rango	DS
Altura	1.09	0.9	1.3	0.4	0.14
Diámetro	2.14	1.7	2.6	0.9	0.27

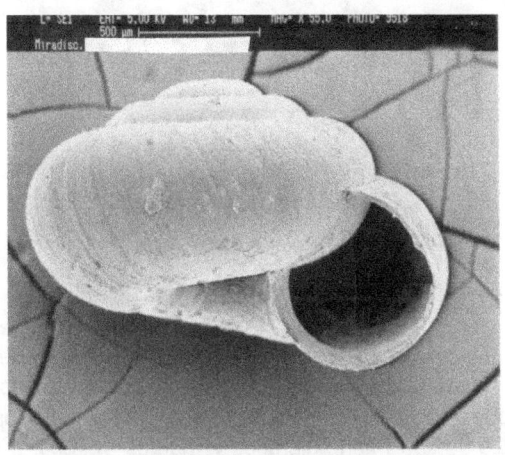

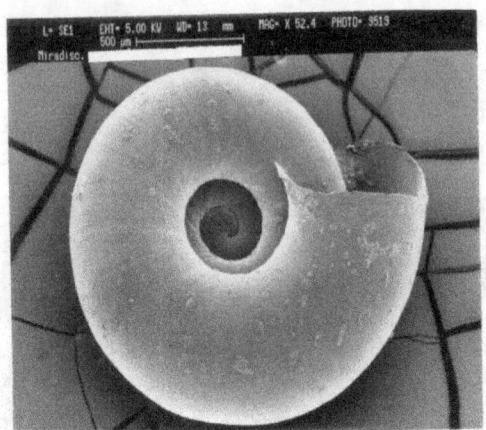

Iconografía: BAKER (1925a, CP); BAKER (1929, G, R, M).

Hábitat: Orillas de carreteras, caminos secundarios, orillas de puente y ríos. Vegetación de sabanas de jícaros, bosques bajos sabaneros con matorral abundante, bosques de galería, bosques medianos caducifolios secundarios y arboledas. Suelos de tierra con hojarasca y humus o arena; húmedos o suelos secos sueltos. Iluminación de sol abierto, sol filtrado y umbra.

Referencias: BAKER (1925a, 1929).

Comentarios: Esta especie ha sido recolectada por nosotros en varias localidades del Pacífico pero no en la que fue citada por PILSBRY (1919), la localidad de Polvón, en el departamento de Chinandega.
No ha sido recolectada fuera del área de estudio, por lo que aparentemente es una especie asociada con los ecosistemas secos del Pacífico.

Como sólo era conocida de la localidad tipo, los datos aportados en el presente trabajo amplían considerablemente el ámbito de distribución de esta especie.

Miradiscops panamensis Pilsbry, 1930

Miradiscops panamensis. Pilsbry,1930. Proc. Acad. Nat. Sci. Phila., 82, p. 350, L. 29, fig. 3-3b.

Localidad tipo: Ruinas del Panamá Viejo, Panamá (PILSBRY, 1930).

Extensión geográfica: Solo citado de Panamá.

Descripción: Concha heliciforme-depresa, translúcida, frágil, brillante. La espira constituye alrededor de 1/6 de la altura total de la concha. Color blanco-amarillento Escultura de líneas radiales muy unidas. Sutura profunda. Ápice obtuso. Vueltas 3.5, más bien aplanadas excepto la vuelta del cuerpo que es convexa. Base umbilicada, ombligo en forma de V que constituye aproximadamente 1/3 del diámetro total. Abertura en forma de D, ubicada en posición paralela con respecto a la concha. Peristoma simple y no reflejado. Columela entera. Protoconcha de color blanco-amarillento, escultura lisa, vueltas 1.

Dimensiones: Alt. 0.85 mm, D. 1.59 mm, L. ab. 0.60 mm, A. ab. 0.41 mm.

Dimensiones: (n= 56).

Variable	X	Mínimo	Máximo	Rango	DS
Altura	1.06	0.6	2.1	1.5	0.25
Diámetro	2.02	1.1	3.4	2.3	0.44

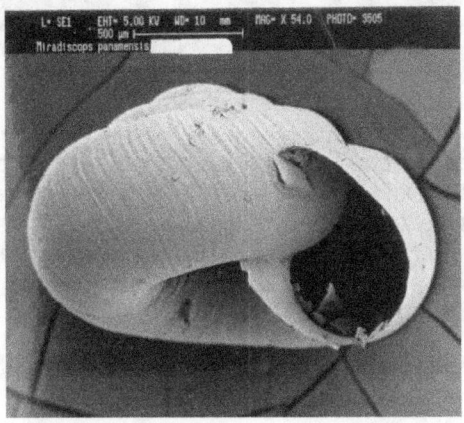

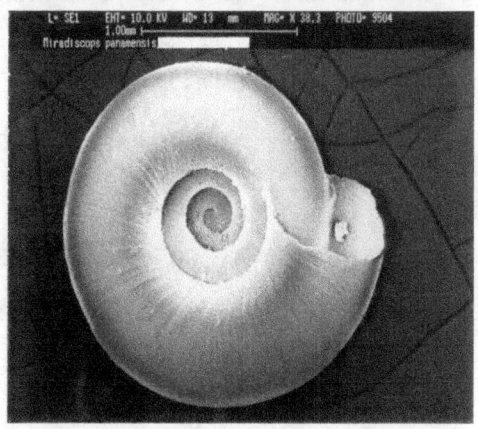

Iconografía: PILSBRY (1930, C, L. 29, fig. 3-3b).

Hábitat: Orillas de carreteras, caminos secundarios, terrenos de pastoreo, orillas de ríos y puentes, cauces y plantaciones. Vegetación de sabanas y bosques bajos y medianos de todos los tipos estudiados. Suelos de tierra con o sin hojarasca, con o sin arena, arcilla o humus, grava volcánica; suelos húmedos compactos, secos sueltos y compactos. Iluminación desde sol abierto hasta sombra.

Referencias: TRYON (1886).

Comentarios: Esta especie se diferencia de *M. opal*, en el tipo de concha, opaca en esta última especie y más bien brillante en *M. panamensis*; además, *M. panamensis* presenta un ombligo más amplio que *M. opal* (*M. panamensis*-1/3 del diámetro; *M. opal*-1/4 del diámetro) y en forma de V en *M. panamensis*, mientras que en *M. opal* el ombligo es cilíndrico; en esta última especie la forma de la concha es algo más arqueada y la espira es algo mayor.

Constituye un nuevo registro para la malacofauna continental de Nicaragua, lo que conlleva una extensión notable en el ámbito distribucional de la especie.

Fuera del área de estudio ha sido recolectada por nosotros en localidades varias de los departamentos de Matagalpa y Boaco, así como en Bosawás, en el departamento de Jinotega.

FAMILIA Punctidae Morse, 1864

Punctum burringtoni Pilsbry, 1930

Punctum burringtoni Pilsbry, 1930. Proc. Acad. Nat. Sci. Phila., 82, p. 346, L. 29, figs. 1-1b.

Localidad tipo: Guatemala, s.l.p.c. (PILSBRY, 1930).

Extensión geográfica: Guatemala (PILSBRY, 1930).

Descripción: Concha heliciforme-depresa, opaca, frágil. La espira constituye aproximadamente 1/6 de la altura total de la concha. Color marrón claro. Escultura de líneas radiales oblicuas. Sutura profunda. Ápice fuertemente obtuso. Vueltas 2.75, moderadamente convexas. Base umbilicada; el ombligo constituye aproximadamente 1/5 del diámetro total de la concha. Abertura semicircular, deflecta. Peristoma simple y no reflejado. Columela entera. Protoconcha de color marrón claro, escultura lisa, vueltas 1.75.

Dimensiones: Alt. 0.55 mm, D. 0.84 mm, L. ab. 0.37 mm, A. ab. 0.22 mm.

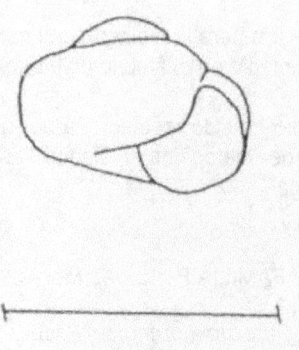

Iconografía: PILSBRY (1930, C, L. 29, figs. 1-1b).

Hábitat: Orilla de camino secundario, vegetación de bosque mediano o alto subperennifolio, tierra con hojarasca y humus; suelo húmedo. Iluminación de umbra.

Referencias: SOLEM (1976, 1983).

Comentarios: Aparentemente, los ejemplares recolectados por nosotros constituyen juveniles de la especie, ya que son algo menores de tamaño (D. 0.84 mm, Alt. 0.55 mm) y número de vueltas (2.75) que los especímenes descritos y figurados por PILSBRY (1930) (D. 1.75 mm, Alt. 1.2 mm, No. Vueltas. 4)

Por lo tanto, para la confirmación de la identidad de esta especie se requiere estudiar una muestra de mayor tamaño.

P. burringtoni constituye un nuevo registro para la malacofauna continental de Nicaragua.

FAMILIA Charopidae Hutton, 1884

Chanomphalus pilsbryi (Baker, 1922a)

Thysanophora pilsbryi Baker, 1922a. Occ. Pap. Mus. Zool. Univ. Mich., no. 106, p. 54, L. 17, figs. 11-14.

Localidad tipo: Hacienda Cuatotolapán, sur de Veracruz, México (BAKER, 1922a).

Extensión geográfica: México (BAKER, 1922a).

Descripción: Concha discoidal, opaca, delgada. La espira totalmente reducida, casi no sobresale de la altura de la vuelta del cuerpo. Color blanco-córneo. Escultura de costillas radiales arqueadas muy juntas y regularmente espaciadas. Sutura profunda. Ápice aplanado. Vueltas 4, aplanadas excepto la vuelta del cuerpo que es convexa. Base umbilicada; el ombligo representa casi 1/3 del diámetro total de la concha. Abertura lunada, ubicada en posición paralela respecto a la concha. Peristoma simple y no reflejado. Columela entera. Protoconcha de color blanco córneo, escultura lisa, vueltas 1.5.

Dimensiones: Alt. 0.88 mm, D. 2.09 mm, L. ab. 0.69 mm, A ab. 0.48 mm.

Dimensiones: (n= 2).

Variable	X	Mínimo	Máximo	Rango	DS
Altura	0.89	0.88	0.9	0.02	0.01
Diámetro	1.89	1.7	2.09	0.39	0.27

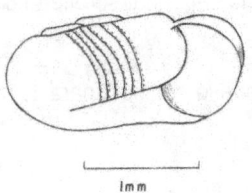

1 mm

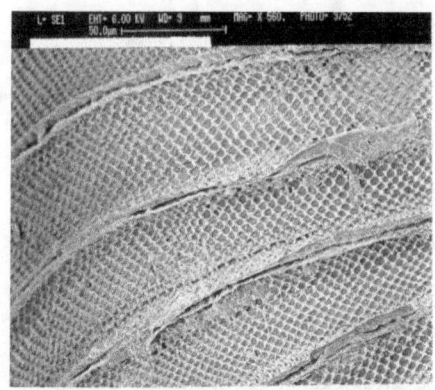

Iconografía: BAKER (1927a, C, G, CP); ZILCH (1959-60, C, p. 206, fig. 727).

Hábitat: Orillas de ríos en bosques de galería; bosques medianos o altos perennifolios. Suelos de tierra con hojarasca; secos y compactos. Iluminación de sol abierto.

Referencias: BAKER (1927a); SOLEM (1977).

Comentarios: Según BAKER (1927a), los caracteres diagnósticos del género *Chanomphalus* son: la presencia de un diente central grande en la rádula y la existencia de una escultura intercostillar entrecruzada en la concha.
En nuestro material la observación de la escultura intercostillar ha sido efectivamente diagnóstica, pero difícil debido a que sólo es visible a grandes aumentos y moviendo los iluminadores.

Esta especie podría ser confundida con *Radiodiscus millecostatus* Pilsbry & Ferriss, 1906, y con *Strobilops* sp. De la primera se diferencia en la escultura de la protoconcha, consistente en finas líneas espirales, típicas del género *Radiodiscus* y presentes en la especie; de la segunda, se diferencia en la carina que presenta *Strobilops* sp. en la abertura.

Esta especie constituye un nuevo registro para la malacofauna continental de Nicaragua.

Radiodiscus millecostatus Pilsbry & Ferriss, 1906

Radiodiscus millecostatus Pilsbry & Ferriss, 1906. Proc. Acad. Nat. Sci. Phila., 58, p. 154, fig. 10.

Localidad tipo: Miller, Canyon, Arizona, USA (PILSBRY, 1946).

Extensión geográfica: Arizona y Nuevo México en USA, México (PILSBRY, 1946).

Descripción: Concha heliciforme-depresa, opaca, frágil. La espira constituye aproximadamente 1/6 de la altura total de la concha. Color córneo. Escultura de costillas radiales regularmente espaciadas y algo oblicuas, surcadas por líneas finas espirales. Ápice aplanado. Vueltas 4.25, más bien aplanadas excepto la vuelta del cuerpo que es convexa. Base umbilicada. Ombligo en forma de V, constituye aproximadamente 1/3 del diámetro total de la concha. Abertura en forma de D, deflecta. Peristoma simple y no reflejado. Columela entera. Protoconcha de color córneo, escultura de líneas muy finas espirales típicas del género, vueltas 1.

Dimensiones: Alt. 0.78 mm, D. 1.35 mm, L. ab. 0.52 mm, A. ab. 0.31 mm.

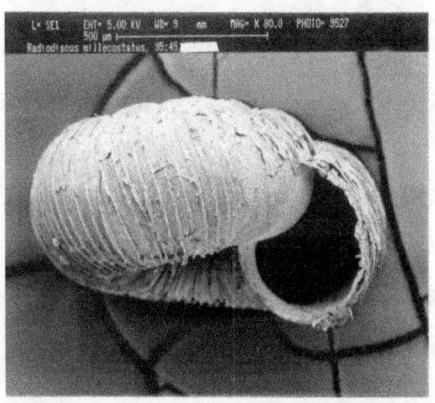

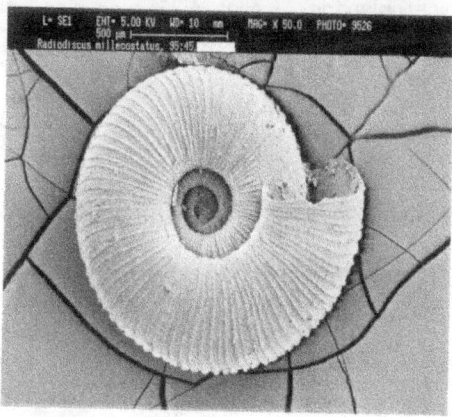

Iconografía: PILSBRY (1946, C, pp. 656-657, fig. 36); ZILCH (1959-60, C, p. 206, fig. 724).

Hábitat: Orilla de camino secundario. Vegetación de bosque mediano o alto sub-perennifolio. Suelo de tierra con hojarasca y humus; húmedo. Iluminación de umbra.

Referencias: SOLEM (1983); CLIMO (1989).

Comentarios: Esta especie constituye un nuevo registro para la malacofauna continental de Nicaragua. Aunque se ha recolectado sólo en un punto dentro del área de estudio, ha sido encontrada en otras ocasiones siempre en localidades de la región montañosa Centro-Norte de Nicaragua, por lo que constituye un componente de fauna norteña asociado con la zona de transición entre la región del Pacífico y la región del Centro-Norte del país.

FAMILIA Veronicellidae Gray, 1840

Diplosolenodes occidentalis (Guilding, 1825)

Onchidium occidentale Guilding, 1825. Trans. Linn. Soc. Lond., 14(15), pp. 322-324, L. 9, figs. 9-12

Localidad tipo: Puerto Rico (SCHALIE, 1948).

Extensión geográfica: Guatemala, Puerto Rico (THOMÉ, 1993); Nicaragua (THOMÉ *et al.* 1997).

Descripción: Animal más ancho que alto, alargado, casi recto. Levemente curvado sobre el pie. Noto arqueado; perinoto desbotado. Color del noto verde oliva, con puntos negros dispersos. El perinoto es claro y los hiponotos son de color crema. Suela apenas más estrecha que el hiponoto y recta, no alcanza los surcos pediosos; del mismo color que el hiponoto y sin línea longitudinal mediana. Poro genital femenino ubicado en el centro del hiponoto izquierdo y de la mitad, en sentido longitudinal, del individuo hacia atrás. Ano totalmente cubierto por la suela del pie.

Dimensiones: Longitud. 47.26 mm, Ancho. 17.36 mm, Alt. 6.46 mm; Ancho de la suela. 5.53 mm, Ancho del hiponoto derecho. 7.86 mm, Distancia del poro genital femenino al surco. 4.12 mm.

Dimensiones: (n= 3).

Variable	X	Mínimo	Máximo	Rango	DS
Longitud	46.3	39.1	52.3	13.2	6.66
Ancho	15.86	14.2	18.1	3.9	2.07
Altura	8.26	7.5	9	1.5	0.75
Ancho de la suela	4.96	3.8	6.1	2.3	1.15
Ancho Hiponoto Derecho	7.1	5.5	8.3	2.8	1.44
Dist. P. G. Fm-Surco	3.3	2.5	4.1	1.6	0.8

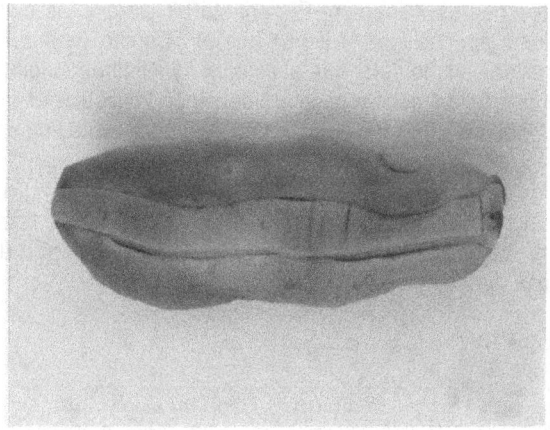

Iconografía: BAKER (1925b, L. 5, G, fig. 18, P, fig. 19, fig. 20, Ve); THOMÉ (1985, P, fig. 1, Glándula Peniana, fig. 2, Es, fig. 3, Glándula Pediosa, fig. 4, A, fig. 5 y 6); THOMÉ (1989, P, fig. 17, Glándula Peniana, fig. 18, G, fig. 19, Glándula Pediosa, fig. 20).

Hábitat: Orillas de carreteras, caminos secundarios, puentes y plantaciones. Vegetación de bosques bajos sabaneros con matorral abundante, bosques de galería, bosques bajos o medianos caducifolios secundarios y arboledas. Suelos de tierra con o sin hojarasca y humus, arcilla o arena, grava volcánica. Todas las condiciones de humedad. Todas las categorías de iluminación consideradas.

Referencias: THOMÉ (1989); SCHALIE (1948).

Comentarios: Es la especie más abundante de esta familia en el área de estudio y posiblemente en Nicaragua, ya que en las regiones más húmedas del país ubicadas en la región Atlántica se han realizado varias colectas intensivas sin resultado positivo alguno para esta familia.

Ha sido citado de Ticuantepe, en el departamento de Masaya, por THOMÉ *et al.* (1997). Fuera del área de estudio ha sido recolectado por nosotros en localidades varias del departamento de Río San Juan.

Diplosolenodes olivaceus (Stearns, 1871)

Veronicalla olivacea Stearns, 1871. Conch. Mem., 8: 1.

Localidad tipo: Nicaragua, Dept. León, Polvón (12°29' N, 87°00' W) (BAKER, 1925). Lectotipo USNM 39160.

Extensión geográfica: Costa Rica, Limon Prov.: Pacuarito (THOMPSON, 1998).

Distribución geográfica: Solo citado de la localidad tipo.

Hábitat: Especie terrestre.

Referencias: H.B. BAKER (1925).

Comentarios: Este puede ser un sinónimo de *Diplosoleodes occidentalis* (Baker, 1925 citado por THOMPSON, 1998).

Leidyula floridana (Leidy & Binney, 1851)

Vaginulus floridanus Leidy & Binney *in* Binney, 1851. Terr. air-breath. moll. N. Am., ii, p. 17, L. 67.

Localidad tipo: Florida, s.l.p.c., USA (MARTENS, 1890-1901).

Extensión geográfica: Florida, USA; estados del Golfo de México, México; Nicaragua (MARTENS, 1890-1901); Cuba (ALAYO & ESPINOSA, en prensa).

Descripción: Animal grande, oblongo, con el dorso redondeado y bordes laterales agudamente angulados. Color gris verdoso, moteado en negro, con dos bandas negras débilmente definidas aproximadamente a 1/3 de distancia de cada uno de los bordes del manto. Tegumento ligeramente arrugado. Parte inferior de color crema El poro genital femenino se encuentra muy próximo al surco pedioso y aproximadamente a la mitad de la longitud del cuerpo.

Dimensiones: Long. 34.55 mm, Ancho. 18.52 mm, Alt. 9.27 mm, Distancia del poro genital femenino al surco pedioso. 1.15 mm, Ancho del hiponoto derecho. 6.79 mm, Ancho de la suela. 7.79 mm.

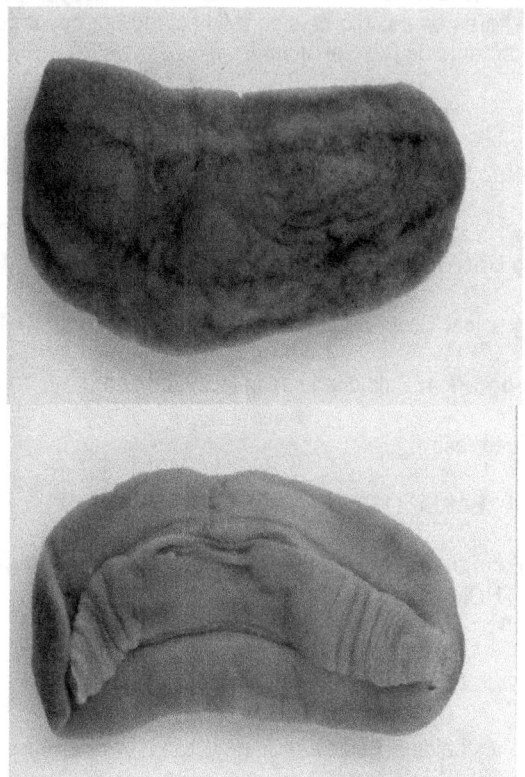

Iconografía: BAKER (1925b, G, L. 4, figs. 12-14, P, fig. 12, Ve, fig. 13, Papila del Dardo, fig. 14); BURCH (1962, A); THOMÉ, DOS SANTOS & PEDOTT (1997, Glándula Penial, fig. 3, Glándula Pedal, fig. 6, P, fig. 9, G, fig. 12, M, figs. 13-14, R, figs. 15-16).

Hábitat: Bosque mediano o alto subperennifolio. Suelto cubierto de hojarasca; muy húmedo. Iluminacion de sol filtrado.

Referencias: THOMÉ, DOS SANTOS & PEDOTT (1997).

Comentarios: La localidad de Javali o Javalí, en el departamento de Chontales, citada por MARTENS (1890-1901) no ha sido confirmada por nosotros, pero no queda enmarcada dentro de nuestra área de estudio.

L. floridana se diferencia en su morfología externa de *D. occidentalis* en que presenta un par de bandas longitudinales oscuras que surcan el dorso del individuo; además, el ejemplar recolectado de *L. floridana* es proporcionalmente más corto y más ancho que los individuos de *D. occidentalis*.

ANÁLISIS BIOGEOGRÁFICO

Introducción.

Según LISICKY (1990) el primer paso en la interpretación de las variaciones faunísticas dentro de un territorio consiste en la caracterización de las diferentes áreas sobre la base de los mapas de distribución de las especies. El segundo paso es determinar que factores influyen en las diferencias observadas entre las áreas.

Según PUENTE *et al.* (1998), la caracterización de áreas malacogeográficas en relación con los patrones de distribución de las especies ha comenzado a ser abordada recientemente, y en la Península Ibérica ha estado limitado a regiones pequeñas o de tamaño mediano.

De acuerdo a nuestros datos, en Centroamerica no existen hasta el presente estudios de este tipo y, en Nicaragua, la única caracterización malacogeográfica realizada es la de PÉREZ & LÓPEZ (1998), la cual es de carácter preliminar y comprende datos bibliográficos o datos de inventarios puntuales realizados por los autores en algunas localidades de Nicaragua.

El objetivo del presente trabajo es acometer la sectorización malacogeográfica de la región del Pacífico de Nicaragua basada en el análisis numérico de las distribuciones de los moluscos gasterópodos continentales presentes en el área.

Análisis de la diversidad.

Para la estimación de la diversidad alfa de Magurran (1987) se trabajó con cuadrículas de 20 x 20 km producto de la fusión de 4 cuadrículas de 10 x 10 para evitar el trabajo con algunas cuadrículas en las que se presenta muy bajo número de especies (Fig. 12). Para realizar esta fusión se han tomado las cuatro cuadrículas más próximas partiendo del extremo occidental del área de estudio y eligiendo siempre de oeste a este y de norte a sur

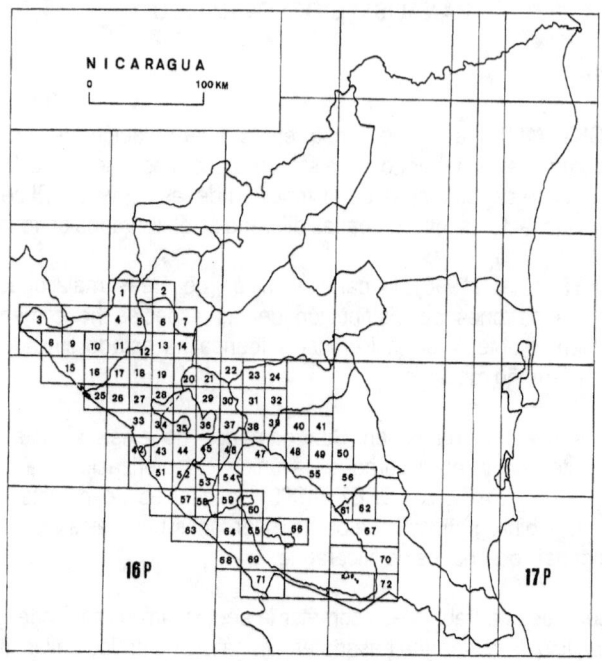

Figura 12.- Cuadrículas consideradas para el análisis zoogeográfico (diversidad).

A partir de los mapas de distribución de las especies, se ha efectuado un análisis de semejanza entre las diferentes zonas atendiendo a la presencia o ausencia de las distintas especies en las mismas. Para el análisis se ha dividido la zona de estudio en 20 cuadrículas de aproximadamente 40 x 40 km.

Para realizar esta nueva fusión se han seguido los criterios antes explicados. Este sistema se ha seguido con vistas a evitar la formación de agrupaciones poco coherentes, producto a la escasa cantidad de especies presentes en algunas cuadrículas.

La nueva matriz obtenida comprende 20 cuadrículas (columnas), y 57 especies (filas) (Fig. 13); por razones metodológicas las especies de agua dulce no se han tenido en cuenta para la realización de este análisis.

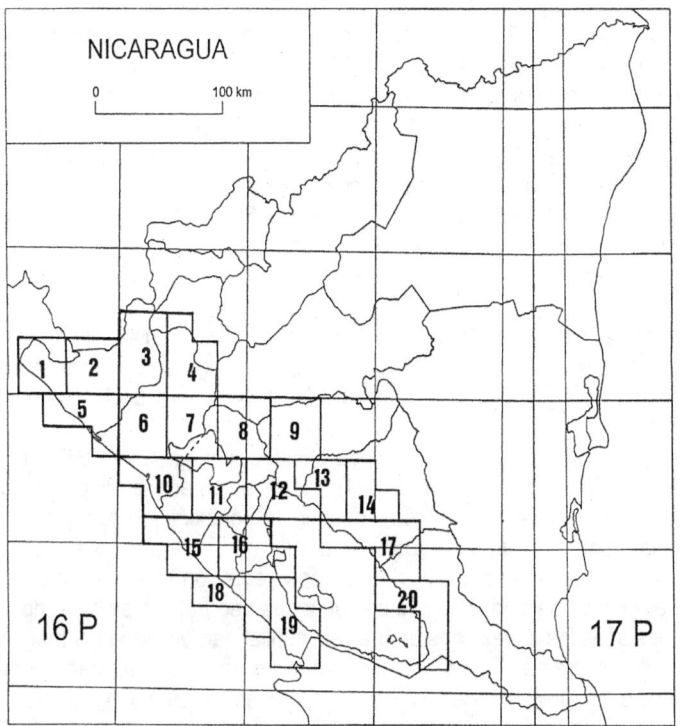

Figura 13.- Cuadrículas consideradas para el análisis zoogeográfico (afinidad).

Análisis de la afinidad.

Para el análisis de la afinidad se ha empleado el coeficiente de semejanza faunística de JACCARD (1901), siguiendo a PRIETO (1986), PRIETO & SEVILLANO (1994), PRIETO et al. (1981), PUENTE & PRIETO (1991, 1992) PUENTE et al. (1998) y MARTÍNEZ-ORTÍ (1999). Se trata de un índice binario en el que se señala la presencia (1) o ausencia (0) de las diversas especies en cada una de las unidades geográficas diferenciadas (BOESCH, 1977; HUBALEK, 1982). La expresión matemática es la siguiente:

$C_j = A / (A+B+C)$,   donde:

A: cantidad de especies comunes a las cuadrículas 1 y 2.
B: cantidad de especies presentes en la cuadrícula 1 y ausentes en la cuadrícula 2.
C: cantidad de especies presentes en la cuadrícula 2 y ausentes en la cuadrícula 1.

Para la obtención del dendrograma de afinidad se ha empleado el programa NTSYS-pc, ver. 1.8 (ROHLF, 1992) y se han seguido las estrategias aglomerativas flexible y upgma, según lo recomendado por CRISCI & LÓPEZ (1983) y REYMENT *et al.* (1984) entre otros autores, de cara a contrastar los resultados obtenidos empleando dos o tres estrategias aglomerativas con la misma matriz de datos. Para la exposición de los resultados se ha utilizado solo el dendrograma obtenido según la estrategia upgma por ser la más recomendada en la bibliografía (vid. CAIN & HARRISON, 1958; SOKAL & ROHLF, 1962; CRISCI & LÓPEZ, 1983; HERRERA *et al.* 1987), la más empleada en trabajos de este tipo y por arrojar un valor más alto de correlación cofenética.

Previamente al cálculo de la afinidad biogeográfica, se han eliminado las especies presentes en una cuadrícula o dos cuadrículas contiguas, siguiendo a los autores antes citados y las sugerencias de PRIETO (com. pers) y PUENTE (com. pers).

Como complemento del dendrograma de afinidad, y siguiendo a SOKAL & ROHLF (1962) y PRIETO & SEVILLANO (1994), se ha elaborado el diagrama de mínima expansión (mínimun spanning tree), que es la conexión de todos los elementos (cuadrículas) por la línea que representa la máxima similaridad existente entre ellos. Según estos autores, aunque exigiría una representación tridimensional, la ubicación de los elementos analizados en sus coordenadas geográficas permite representar en dos dimensiones las conexiones de máxima similaridad omitiendo la magnitud de las mismas; el diagrama facilita un análisis más preciso del dendrograma y la identificación de distorsiones locales (p. ej., cuadrículas no agrupadas pero con elevada similaridad entre ellas, etc).

Consideraciones generales.

Según MARTENS (1890-1901), la posición geográfica de Nicaragua induce al razonamiento de que su fauna de moluscos debiera estar relacionada con la de la provincia mexicana por una parte, y con la de la provincia colombiana por otra. No obstante, este planteamiento debe ser matizado a la vista del elevado número de especies citadas o identificadas como nuevas en Nicaragua y/o en países vecinos de América Central a lo largo del presente siglo. Las especies encontradas en el área pueden ser agrupadas en las siguientes categorías biogeográficas:

1. Especies endémicas (15): *Neocyclotus dysoni nicaraguense, Aplexa nicaraguana, Biomphalaria* sp., *Helisoma nicaraguanus, Strobilops* sp., *Gastrocopta gularis, Beckianum sinistrum, Beckianum* sp., *Leptinaria* sp., *Pseudopeas* sp., *Euglandina obtusa, Spiraxis* sp., *Glyphyalinia* sp., *Radiodiscus* sp., *Miradiscops opal.*

2. Especies centroamericanas (26): *Helicina rostrata, Pomacea flagellata, Pachychilus largillierti, Pachychilus oerstedi, "Physa" squalida, Succinea* *guatemalensis, Succinea recisa, Cecilioides consobrinus, Leptinaria guatemalensis, Leptinaria interstriata, Euglandina cumingii, Pittieria underwoodi, Salasiella guatemalensis, Euconulus pittieri, Habroconus championi, Habroconus trochulinus, Thysanophora caecoides, Thysanophora costarricensis, Bulimulus corneus, Drymaeus alternans, Drymaeus discrepans, Drymaeus translucens, Orthalicus princeps, Miradiscops panamensis, Drepanostomella pinchoti, Punctum burringtoni.*

3. **Especies méxico-norteamericanas (13):** *Hebetancylus excentricus, Gastrocopta pentodon, Vertigo milium, Leptinaria tamaulipensis, Salasiella hinkleyi, Salasiella perpusilla, Glyphyalinia indentata, Striatura meridionalis, Praticolella griseola, Thysanophora hornii, Orthalicus melanochilus, Chanomphalus pilsbryi, Radiodiscus millecostatus.*

4. **Especies suramericanas (9):** *Neritina latissima, Lucidella lirata, Bothriopupa conoidea, Bothriopupa tenuidens, Gastrocopta geminidens, Trichodiscina coactiliata, Thysanophora crinita, Drymaeus multilineatus, Orthalicus ferussaci.*

5. **Especies antillanas (9):** *Biomphalaria havanensis, Helisoma caribaeum, Gastrocopta servilis, Gastrocopta pellucida, Pupisoma minus, Cecilioides gundlachi, Leptinaria insignis, Leptinaria lamellata, Diplosolenodes occidentalis.*

6. **Especies de amplia distribución (18):** *Pyrgophorus coronatus, Melanoides tuberculata, Pupisoma dioscoricola, Sterkia antillensis, Beckianum beckianum, Lamellaxis gracilis, Lamellaxis micra, Opeas pumilum, Subulina octona, Huttonella bicolor, Deroceras laeve, Guppya gundlachi, Habroconus selenkai, Hawaiia minuscula, Drymaeus dominicus, Leidyula floridana, Thysanophora plagioptycha, Ovachlamys fulgens.*

De lo anteriormente expuesto se puede constatar que, tal y como planteó MARTENS (1890-1901), en la malacofauna del área de estudio, existe un importante componente del norte (13 especies, 14.60 %) así como del sur (9 especies, 10.11 %); sin embargo, también aparece un elevado número de especies endémicas (15 especies, 16.85 %) y de especies centroamericanas (26, 29.21 %), lo que enfatiza el componente local. Por otra parte, hay un elevado componente antillano (9 especies, 10.11 %), así como de especies de amplia distribución en América e incluso mundial (17 especies, 19.10 %).

Diversidad.

El número de especies por cuadrícula (diversidad alfa de MAGURRAN, 1987) osciló entre 5 (cuadrícula 42) y 41 (cuadrícula 31) (Fig. 14), con una media de 19.61 especies por cuadrícula. Los valores más altos de diversidad alfa ($\alpha > 30$) corresponden a las cuadrículas 4 (al norte del departamento de Chinandega), 35,

44 y 45 (zona central del departamento de Managua), 23 y 31 (zona sur del departamento de Matagalpa). Todas constituyen zonas en general poco antropizadas; las cuadrículas 4, 23 y 31 incluyen localidades periféricas con bosques primarios y las tres cuadrículas dentro del departamento de Managua correponden, a zonas de acceso restringido (cuadrícula 35), a cafetales bajo sombra (cuadrícula 44) y a un bosque primario relictivo asociado con una laguna volcánica de difícil acceso y, por consiguiente, bastante conservada (cuadrícula 45).

Esta diversidad parece alta a pesar de que la malacofauna de Nicaragua fue considerada "pobre" por FISCHER & CROSSE (1870-1902) y posteriormente por MARTENS (1890-1901). Más recientemente, JACOBSON (1968) enfatizó este aspecto señalando que la malacofauna de toda Nicaragua estaba compuesta por unos 70 táxones entre especies y subespecies.

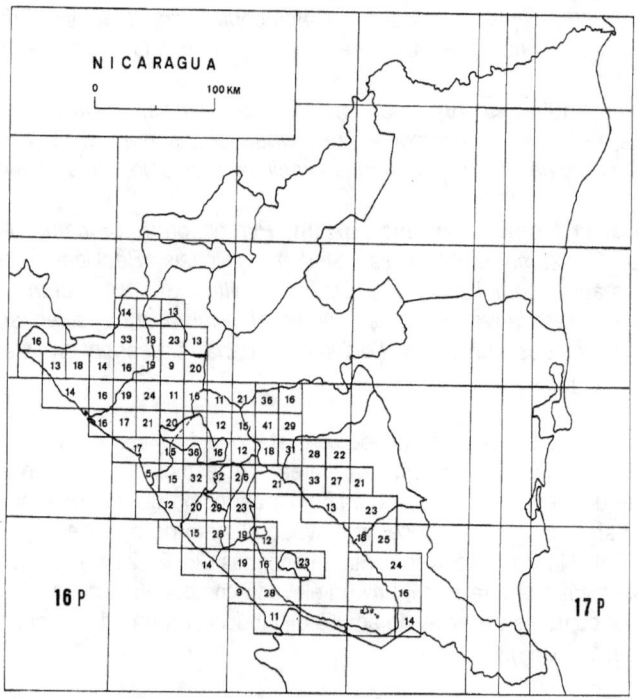

Figura 14.- Número de especies por cuadrícula (Diversidad Alfa).

En este sentido, cabe mencionar que PÉREZ & LÓPEZ (1993a) plantearon que uno de los motivos posibles para la subestimación reiterada de la diversidad en la malacofauna nicaragüense pudo haber sido el elevado número de especies de micromoluscos existentes en el país y pasados por alto hasta el presente debido a la inexistencia de un estudio de esta fauna.

Análisis de afinidad biogeográfica.

El dendrograma obtenido al calcular el índice de JACCARD (Fig. 15) ofrece una lectura que, en principio, permite reforzar la idea de homogeneidad biogeográfica de la zona de estudio, ya que los agrupamientos se forman a un alto nivel de afinidad. No obstante, es posible observar la formación de tres agrupamientos: el primero formado por las cuadrículas 2, 5 y 18; el segundo formado por las cuadrículas 3, 12, 9, 11, 13, 16 y 19, y el tercero formado por las cuadrículas 14, 20, 17, 4, 10, 6, 8 y 7. Dentro de este último agrupamiento se distinguen dos subgrupos, uno formado por las cuadrículas 14, 20 y 17 y el otro formado por las cuadrículas 4, 10, 6, 8 y 7. Las cuadrículas 1 y 15 quedan excluidas de los agrupamientos anteriores.

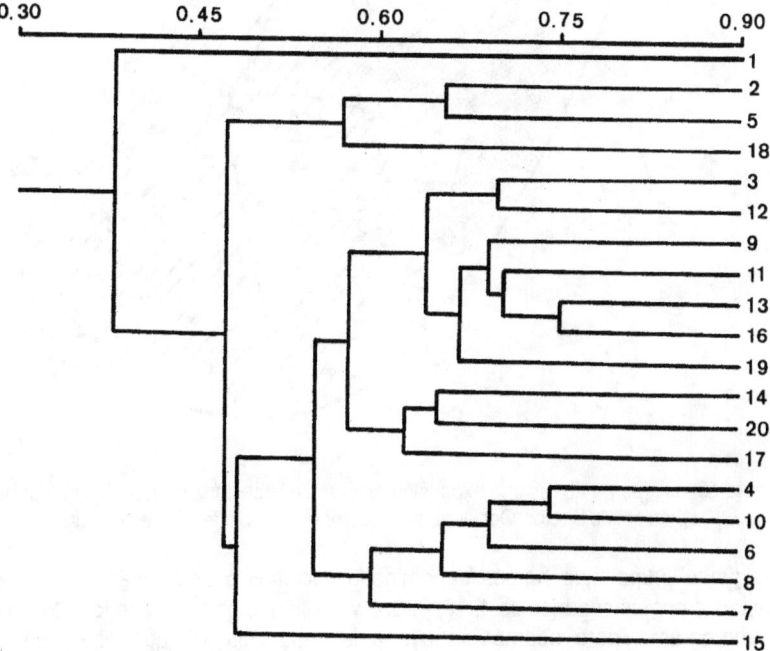

Figura 15.- Dendrograma que muestra la relación entre las cuadrículas usadas para el análisis. Los números corresponden a las cuadrículas (vid. Fig. 4).

Analizando los resultados obtenidos mediante el diagrama de mínima expansión (mínimun spanning tree), se puede notar que también se forman tres agrupamientos (Figs. 16 y 17), pero en ellos tiene lugar un reajuste de las afinidades entre las cuadrículas. En este caso, el primer grupo está formado por las cuadrículas 1, 2 y 5, con lo cual, la cuadrícula 1, que antes quedaba excluida de todos los grupos, queda comprendida en un grupo, al que hemos denominado sector A u occidental, y que es coherente biogeográficamente. La cuadrícula 18, que antes quedaba comprendida dentro de este primer grupo, se ve ahora excluida del mismo, lo que es comprensible si se tiene en cuenta su relativa lejanía.

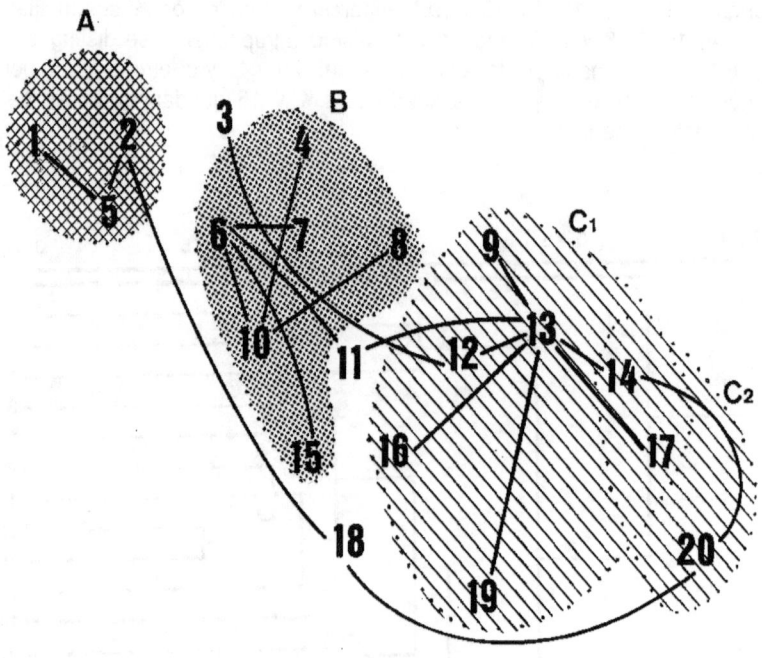

Figura 16.- Diagrama de mínima expansión mostrando la sectorización malacogeográfica obtenida: A, Sector Occidental; B, Sector Centro-Norte; C, Sector Sur.

El segundo grupo, que hemos denominado sector B o sector centro-norte, está compuesto por las cuadrículas 4, 10, 6, 8, 7 y 15, lo que coincide con lo obtenido por el dendrograma, pero además incluye a la cuadrícula 15, que antes quedaba excluida de los tres agrupamientos. Este agrupamiento, analizado en el marco de la disposición espacial de las cuadrículas en el área de estudio, también se encuentra dentro de lo esperable.

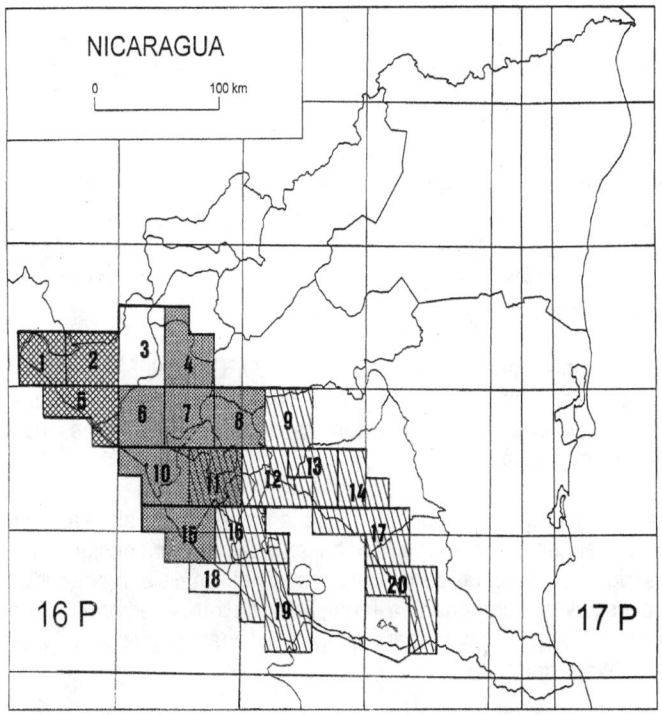

Figura 17.- Mapa síntesis de la sectorización obtenida.

El agrupamiento de mayor cobertura geográfica es el que conforman las cuadrículas 9, 13, 16, 19, 12, 14, 17 y 20, que ha sido denominado sector C o sur. Dentro de este sector se observan dos subsectores, C_1 o sur-occidental y C_2 o sur-oriental, que ya se observaban en el dendrograma. El primero de estos agrupamientos está compuesto por las cuadrículas 9, 12, 13, 16 y 19, y el segundo por las cuadrículas 14, 17 y 20.

Un aspecto interesante se puede destacar en este último agrupamiento, la parcial exclusión de la cuadrícula 11, que ahora podría formar parte de los sectores B y C al unísono, por lo que se puede interpretar que la misma constituye una zona de transición entre ambos grupos.

El sector A se caracteriza por su relativa pobreza de especies en comparación con los otros sectores (Riqueza de especies entre 20 y 23; B, 23-25; C, 27-41). Este sector constituye en alguna medida una "isla" dentro del área de estudio, ya que se

227

encuentra al extremo oeste de la misma, en la península que se forma entre la punta Aposentillo al sur y el Estero Real al norte-noreste.

El sector B, constituye una región con componentes malacológicos propios del Pacífico norte, como *Strobilops* sp., *Drymaeus alternans* o *Diplosolenodes occidentalis*.

El sector C también contiene sus componentes propios, como *Gastrocopta geminidens, Drymaeus multilineatus* o *Chanomphalus pilsbryi*, pero además contiene algunas especies que le aportan un componente de la región natural del Atlántico, como *Helicina rostrata* y *Spiraxis* sp. Esta influencia se observa más claramente debido a la formación del subsector C_2.

Se debe mencionar que, según PÉREZ & LÓPEZ (1998a), la formación de regiones malacogeográficas claramente definidas se observa mucho mejor al comparar comunidades del Pacífico con las de las otras regiones naturales del país (Centro-Norte y Atlántica).

Un aspecto interesante a tener en cuenta es la presencia de algunas especies que se distribuyen en una o dos cuadrículas aisladas y por consiguiente han sido eliminadas de la matriz utilizada para hacer el análisis biogeográfico; estas especies constituyen componentes faunísticos de otras regiones del país o de alguna de las categorías biogeográficas americanas o globales, anteriormente citadas en este apartado.

Tenemos por ejemplo: 1) *Radiodiscus millecostatus* y *Gastrocopta pentodon* especies recolectadas en un solo punto al norte del Pacífico y que están ampliamente distribuidas en la región Centro-Norte de Nicaragua y, 2) *Leptinaria insignis*, recolectada en dos localidades muy cercanas del Pacífico, es una especie que se conocía anteriormente de las Antillas Menores y ha sido recientemente citada por primera vez para la malacofauna continental de Nicaragua, 4) *Leptinaria tamaulipensis*, que es una especie procedente de México y se encuentra solamente en el sector A.

Analizando conjuntamente la zonación biogeográfica y la diversidad se puede observar que los mayores valores de diversidad se presentan en los sectores B y C, con 51 especies, seguidos por el sector A con una diversidad alfa de 31 especies (Fig. 18).

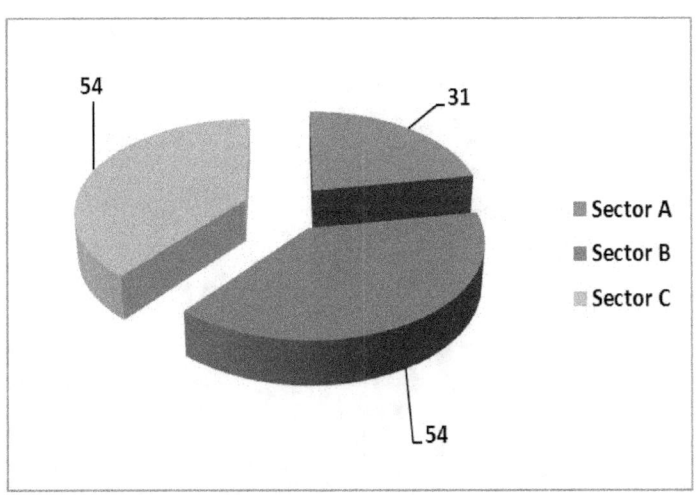

Fig. 18.- Diversidad alfa por sectores en el área de estudio.

REFERENCIAS

ABBOTT, R.T. 1989. *Compendium of landshells.* American Malacologists, Inc. Melbourne. 240 p.

ADAMS, C.B. 1845. Specierum novarum conchyliorum, in Jamaica repertorum, synopsis. *Proceedings of the Boston Society of Natural History,* 2:1-17.

AGUAYO, C.G. 1938. Los Moluscos Fluviátiles Cubanos. Parte II. Sistemática. *Mem. Soc. Cubana Hist. Nat.,* 12(4):253-280.

ALAYO, P. & J. ESPINOSA. en prensa. *Atlas de los moluscos terrestres y fluviátiles de Cuba.* Edit. Científico-Técnica, La Habana.

ALONSO, M.R. 1974. *Contribución al estudio de la fauna malacológica de la depresión de Granada.* Tesis Doctoral (inédita). Universidad de Granada. 208 p.

ALONSO, M.R., & M. IBAÑEZ. 1993. Algunos aspectos de la terminología actual en los gastrópodos, con especial atención a la sistemática. *Reseñas Malacológicas,* 7: 64 p.

ALONSO, M.R., M. IBAÑEZ, F.C. HENRIQUEZ, M.J. VALIDO & C.E. PONTELIRA. 1990. Atlas preliminar de los moluscos terrestres endémicos de Canarias, presentes en Tenerife. *Vieraea,* 19:251-265.

ALTONAGA, K. 1988. *Estudio taxonómico y biogeográfico de las familias Endodontidae, Euconulidae, Zonitidae y Vitrinidae (Gastropoda: Pulmonata: Stylommatophora) de la península ibérica, con especial referencia al País Vasco y zonas adyacentes.* Tesis Doctoral (inédita). Universidad del País Vasco. 549 p.

ALTONAGA, K., B. GÓMEZ, R. MARTÍN, C. PRIETO, A.I. PUENTE & A. RALLO. 1994. *Estudio faunístico y biogeográfico de los moluscos terrestres del norte de la península Ibérica.* Eusko Legebiltzarra/ Parlamento Vasco, Vitoria- Gasteiz, 503 p.

ALDERSON, E.G. 1925. *Studies in Ampullaria.* Heffer & Sons, Cambridge.

ANGULO, E. & R. MARTIN. 1985. Nuevos datos sobre la distribución geográfica de *Pomatias elegans* (Müller, 1774) (Gastropoda: Prosobranchia) en la Península ibérica. *Cuad. Invest. Biol. Bilbao,* 8:51-56.

ARIAS, S. 1955. Los Pupillidae (Pulmonata: Styllomatophora colectados en venezuela septentrional. *Mem. Soc. Cienc. nat. La Salle,* 15(41):140-169, 7 figs.

ARRÉBOLA, J. 1995. *Caracoles terrestres (Gastropoda, Stylommatophora) de Andalucía, con especial referencia a las provincias de Sevilla y Cádiz*. Tesis doctoral (inédita), Universidad de Sevilla. 589 p + 16 L.

AUFFENBERG, K. & L.A. STANGE. 1988. The Subulinidae of Florida. *Entomology Circular*, no. 305:3 pp, 6 figs.

AUFFENBERG, K. & L.A. STANGE. 1989. The Polygyridae (Gastropoda: Pulmonata) of Florida. 1. Key to the Genera and Subgenera. *Entomology Circular*, no. 317:3 pp, 13 figs.

AZUMA, M. 1982. *Colored ilustrations of land snails of Japan*. Hoikusha, Osaka.

BAKER, H.B. 1922a. The mollusca collected by the University of Michigan-Walker expedition in southern Vera Cruz, Mexico, I. *Occ. Pap. Mus. Zool. Univ. Michigan*, 106:1-94, L. 1-17.

BAKER, H.B. 1922b. Notes on the radula of the helicinidae. *Proc. Acad. Nat. Sci. Phila.*, 74:29-67, 7 L.

BAKER, H.B. 1923a. The mollusca collected by the University of Michigan- Walker expedition in southern Vera Cruz, Mexico. Part II. *Occ. Pap. Mus. Zool. Univ. Michigan*,135:1-16, L. 1-5.

BAKER, H.B. 1923b. The mollusca collected by the University of Michigan- Williamson in Venezuela. Part I & II. *Occ. Pap. Mus. Zool. Univ. Michigan*,137:1-48, L. 1-5.

BAKER, H.B. 1923c. Notes on the radula of the Neritidae. *Proc. Acad. Nat. Sci. Phila.*, 75:117-178, 16 L.

BAKER, H.B. 1924. Land and freshwater molluscs of the Dutch Leeward islands. *Occ. Pap. Mus. Zool.*, 152:75-144, 2 L.

BAKER, H.B. 1925a. The mollusca collected by the University of Michigan- Walker expedition in southern Vera Cruz, Mexico. Part III. *Occ. Pap. Mus. Zool. Univ. Michigan*, 156:1-56, L 6-11.

BAKER, H.B. 1925b. North american veronicellidae. *Proc. Acad. Nat. Sci. Phila.*, 77:157-184.

BAKER, H.B. 1926. The mollusca collected by the University of Michigan- Walker expedition in southern Vera Cruz, Mexico. Part IV. *Occ. Pap. Mus. Zool. Univ. Michigan*, 167:1-49, L. 12-19.

BAKER, H.B. 1927a. Minute Mexican land snails. *Proc. Acad. Nat. Sci. Phila.* 79:223-246, L. 15-20.

BAKER, H.B. 1927b. The mollusca collected by the University of Michigan-Williamson expedition in Venezuela. Part V. *Occ. Pap. Mus. Zool., Univ. Michigan,* 182:1-36, L. 20-26.

BAKER, H.B. 1928. Minute American Zonitidae. *Proc. Acad. Nat. Sci. Phila.*, 80:1-44, L. 1-8.

BAKER, H.B. 1929. Pseudohyaline american landsnails. *Proc. Acad. Nat. Sci. Phila.*, 81:251-266, L. 8-10.

BAKER, H.B. 1930. The mollusca collected by the University of Michigan-Williamson expedition in Venezuela. Part VI. *Proc. Acad. Nat. Sci. Phila*, 210:1-94.

BAKER, H.B. 1931. Notes on west indian Veronicellidae. *The Nautilus,* 44(4):131-137.

BAKER, H.B. 1933. A check list of Neartic Zonitidae. *Occ. Pap. Mus. Zool.* Univ. Michigan, 269.

BAKER, H.B. 1939a. Mexican mollusks collected for Dr. Bryant Walker in 1926, part 3. *The Nautilus*, 52(4):132-134.

BAKER, H.B. 1939b. A revision of *Spiraxis* C.B. Adams. *The Nautilus*, 53:8-16, L. 3-5.

BAKER, H.B. 1940. Mexican Subulinidae and Spiraxidae with new species of *Spiraxis. The Nautilus*, 53:89-94, L. 11.

BAKER, H.B. 1941. Zonitid snails from Pacific islands. pts 3 & 4. *Bull. Berenice P. Bishop Mus.*, 166:203- 370.

BAKER, H.B. 1943. The mainland genera of american Oleacininae. *Proc. Acad. Nat. Sci. Phila.*, 95:1-14, L. 1-3.

BAKER, H.B. 1945. Some american achatinidae. *The Nautilus*, 58:92-94.

BAKER, H.B. 1956. Family names in Pulmonata. *The Nautilus*, 69(4):128-139.

BAKER, H.B. 1961. *Beckianum* -new genus or subgenus of *Leptinaria*, Beck, 1837 ?) in Achatinidae (Subulininae). *The Nautilus*, 75(2):84.

BAKER, H.B. 1963. Type land snails in The Academy of Natural Sciences of Philadelphia Part II. Land Pulmonata, exclusive of North America north of Mexico. *Proc. Acad. Nat. Sci. Phila.*, 115:191- 259.

BAKER, F.C. 1945. *The molluscan family Planorbidae.* University of Illinois Press, Urbana.

BARRIENTOS, Z. (1998). "Life history of the terrestrial snail *Ovachlamys fulgens* (Stylommatophora: Helicarionidae) under laboratory conditions". *Revista de Biología Tropical* **46**(2): 369-384. PDF.

BARTSCH, P. & J.P.E. MORRISON *in* TORRE, C. de la, P. BARTSCH. & J.P.E. MORRISON. 1942. The cyclophorid operculate land mollusks of America. *Bull. US. Nat. Mus.*, 181(2):1-306, L. 1-42.

BASCH, P.F. 1959. Land mollusca of the Tikal National Park in Guatemala. *Occ. Pap. Mus. Zool. Univ. Michigan*, 612:15 p.

BASCH, P.F. 1963. A review of the recent freshwater limpet snails of North America (Mollusca: Pulmonata). *Bull. Mus. Comp. Zool.*, 129(():399-461.

BENTHEM JUTTING, W.S.S.v. 1961. The Malayan Streptaxidae genera *Hutonella* and *Sinoennea*. *Bull. Raffles Mus.*, Singapore, 26:5-33.

BEQUAERT, J.C. 1957. Land and freshwater mollusks of the Selva Lacandona, Chiapas, Mexico. *Bull. Mus. Comp. Zool.*, 116:204-227.

BEQUAERT, J.C. & W.J. CLENCH. 1933. The Non-marine mollusks of Yucatán. *Carnegie Institute of Washington Publications*, 431:525-545.

BRUGGEN, A.C.v. 1967. An introduction to the pulmonate family Streptaxidae. *J. Conch.*, 26(3):181-188.

BINNEY, W.G., 1878-1885. Terrestrial air-breathing Mollusks of the United States and adjacent territories of North America. *Bull. Mus. Comp. Zool. Harv. Coll.*, IV:349 p.

BINNEY, W.G. & T. BLAND. 1869. Land and freshwater shells of North America. . Part I. Pulmonata Geophila. *Smiths. Misc. Coll.*, 8(194):1-316, L. 1-12.

BIOLLEY, P. 1897. *Moluscos terrestres y fluviátiles de la meseta central de Costa Rica*. Museo Nacional. San José, Costa Rica. 18 p.

BOESCH, D.F. 1977. Applications of numerical classification in ecological investigations of water polution. *Ecol. Res. Ser.* EPA- 600/3-77-033, 115 p.

BOSS, K. J. 1982. *Mollusca* En, S. Parker ed. Synopsis and classification of living organisms. I. McGraw-Hill, N. York. 1166 p.

BOSS, K. J. & M.K. JACOBSON. 1974. Monograph of the genus *Lucidella* in Cuba (Prosobranchia: Helicinidae). *Occ. Pap. Mol.*, 4(48):1-28.

BRANSON, B.A. & D.L. BATCH. 1969. Notes on exotic molluscs in Kentucky. *The Nautilus*, 82(3): 102-106.
BRANSON, B.A. & C.J. McCOY. 1963. Gastropoda of the 1961 University of Colorado Museum expedition in Mexico. *The Nautilus,* 76:101-108.

BRANSON, B.A. & C.J. McCOY. 1965. Gastropoda of the 1962 University of Colorado Museum expedition in Mexico. *University of Colorado Studies. Series on Biology,* 13, 16 p.

BREURE, A.S.H. 1974. Caribbean land molluscs: Bulimulidae. I. *Bulimulus.* in *Studies on the Fauna of Curaçao and other Caribbean Islands.* no. 145, 80 p.

BREURE, A.S.H. 1979. Systematics, phylogeny and zoogeography of   Bulimulinae. *Zool. Verh. Leiden*, 168:1-205.

BREURE, A.S.H. & A.A.C. ESKENS. 1978. Notes on and descriptions of Bulimulidae (Mollusca: Gastropoda). *Zool. Verh. Leiden,* 164:1-255.

BREURE, A.S.H. & A.A.C. ESKENS. 1981. Notes on and descriptions of Bulimulidae (Mollusca: Gastropoda). *Zool. Verh. Leiden,* 186:1-111, 8 L.

BROWN, D. 1994. *Freshwater snails of Africa and their medical importance.* Taylor & Francis, London. 608 p.

BURCH, J.B., 1962.   *How to know the eastern land snails.* WM. C. Brown Company Publishers, Dubuque, Iowa. 214 p.

BURCH, J.B., 1989. *Northamerican Freshwater Snails.* Malacological Publications, Michigan. 365 p.

BURCH, J. & C.M. PATTERSON. 1966. Key to the genera of land gastropods (snails and slugs) of Michigan. *Mus. Zool. Michigan, Circular,* 5, 19 p, 46 figs.

BURCH, J.B. & Y. JUNG. 1988. Land snails of the University of Michigan biological station area (northern Michigan). *Walkerana,* 9:1-177, 109 figs.

CABRERA, A.L. & A. WILLINK. 1973. *Biogeografía de América Latina.* Secretaría General de la OEA, Washington D.C. 122 p.

CAIN, A.J. & G.A. HARRISON. 1958. An analysis of the taxonomist's judgement of affinity. *Proc. Zool. Soc. Lond.*, 131: 85.

CASTILLEJO, A. 1981. *Los moluscos terrestres de Galicia (Subclase Pulmonata).* Ed. Universidad de Santiago, Santiago de Compostela, 54 p.

CASTILLEJO, A. 1982. Los pulmonados desnudos de Galicia. II. Género *Lehmania* Heyneman, 1862. (Pulmonata: Limacidae). *Iberus*, 2:19-28.

CASTILLEJO, A. 1986. Caracoles terrestres de Galicia. Familia Helicidae (Gastropoda: Pulmonata). *Iberus*, 5:63-81.

CASTILLEJO, A. 1997. *Babosas del noroeste ibérico.* Universidade de Santiago de Compostela, Galicia. 190 p.

CLAPP, W.F. 1914. List of land shells from Swan island, with descriptions of five new species. *The Nautilus*, 27(9):97-101.

CLIMO, F.M. 1989. The panbiogeography of New Zealand as illuminated by the genus *Fectola* Iredale, 1915 and subfamily Rotadiscinae Pilsbry, 1927 (Mollusca: Pulmonata: Punctoidea: Charopidae). *New Zealand J. Sci.*, 16:587-649.

CLENCH, W.J. 1934. *Gulella bicolor* (Hutton). *The Nautilus,* 77:142-143.

CLENCH, W.J. 1956. Land shells of Barbuda island, Lesser Antilles. *The Nautilus,* 70:69-70.

CRISCI, J.V. & M.F. LÓPEZ. 1983. *Introducción a la teoría y la práctica de la taxonomía numérica.* Secretaría General de la OEA, Washington, D.C. 132 p.

CROSSE, H. & P. FISCHER. 1869. Diagnoses molluscorum novorum Guatemalae et Reipublicae Mexicanae. *J. de Conch.*, 17:28-36.

DALL, W.H. 1912. New species of landshells from the Panama canal zone. *Smith. Misc. Coll.*, 59(18):1-3, L. 1-2.

DALL, W.H. & C.T. SIMPSON. 1901. The mollusca of Puerto Rico. *United States Fish Comission Bulletin*, 1(1900):351-524, L. 53-58.

DUNDEE, D.S. 1974. Catalog of introduced mollusks of eastern north america (north of México). *Sterkiana*, 55:1-37.

DUNDEE, D.S. & R.J. BAERWALD. 1984. Observations on a micropredator, *Gulella bicolor* (Hutton) (Gastropoda: Pulmonata: Streptaxidae). *The Nautilus* 98:63-68.

DUNDEE, D.S. & P. WATT. 1961. Louisiana land snails with new records. *The Nautilus*, 75(2):79-83.

FACI, G. 1991. *Contribución al conocimiento de diversos moluscos terrestres y su distribución en la comunidad autónoma aragonesa.* Tesis Doctoral (inédita). Universidad de Zaragoza, 780 p.

FENZL, N. 1989. *Geografía, clima, geología y Hidrometeorología.* UFPA. INETER, INAN, Belem. 62 p. + suppl.

FÉRUSSAC, A.E.J. d´A. & G.P. DESHAYES. 1819-1951. *Histoire naturelle générale et particuliére des mollusques terrestres et fluviatiles.* Paris (3 vols.).

FISCHER, P. 1883. *Manuel de Conchyliologie et de paleontologie conchyologique ou histoire naturelle des mollusques vivants et fossiles suivi d´un appendice sur les brachiopodes para D.P. Ehlert.* Paris, xxiv + 1369 + 1138 figs + 23 L.

FISCHER, P. & H. CROSSE. 1870-1902. *Mission scientifique au Mexique et dans L´Amerique Centrale. Mollusques Terrestres et Fluviatiles.* Paris I, 702 p. 29 L.

FLUCK, W.H. 1900. Shell collecting in the Mosquito Coast. *The   Nautilus*, 14(8):94.

FLUCK, W.H. 1901. Correspondence [from Nicaragua]. *The Nautilus*, 14(8):94.

FLUCK, W.H. 1905. Shell-Collection on the Mosquito Coast of Nicaragua. *The Nautilus*, 19(1):8-12, (2)16-19, (3):32-34, (5):55- 57, (7):78-80.

FLUCK, W.H. 1906. Shell-Collection on the Mosquito Coast of Nicaragua. *The Nautilus*, 20(1):1-4.

FORCART, L. 1953. The Veronicellidae of Africa (Mollusca: Pulmonata). *Annls Mus. R. Congo belge Sér. 8vo*, Sci. zool., V(23), 110 p, 13 figs, 5 L.

FORCART, L. 1960a. Taxionomische revision paläaektischer Zonitidae, I. *Arch. Moll., Frankfurt a.M.*, 86:101-136, 19 figs.

FORCART, L. 1960b. Mollusken aus den abruzzen mit taxonomische revisionen und anatomischen beschreibungen. *Verh. Naturf. Ges., Basel*, 71:125-139, 12 figs.

FRETTER, V. & A. GRAHAM. 1962. *British prosobranch molluscs: their functional anatomy and ecology.* Ray Society, London.

FULTON, H. 1917. Description of a new species of Colombian *Trichodiscina* (*T. crinita*). *Proc. mal. Soc.*, 12:240-241.

GERMAIN, L. 1969. *Faune de France. 21. Mollusques terrestres et fluviatiles.* Kraus Reprint, Nendeln/Liechtenstein. 477 p + 13 L.

GETZ, L.L. 1962. Localities for new Hampshire land mollusks. *The Nautilus,* 76(1):25-28.

GOETHEM, J.L.v.1986. E.I.S. Mapping program: Belgium. *Proceedings of the Eight International Malacological Congress, Budapest,* 1983:327.

GOETHEM, J.L.v., J.J. de WILDE & R. MARQUET. 1984a. Over de verspreiding in Belgie van de naaktslakken van het genus *Deroceras* Rafinesque, 1820 (Mollusca: Gastropoda: Agriolimacidae). *Studiedocumenten van het K.B.I.N.,* 14:1-45, figs, 1-13, cartes 1-74.

GOETHEM, J.L.v., J.J. de WILDE & R. MARQUET. 1984b. Sur la distribution en Belgique des limaces du genre *Deroceras* Rafinesque, 1820 (Mollusca: Gastropoda: Agriolimacidae). *Documents de Travail de l'I.R.ScN.B.,* 15:1-45, figs 1-13, cartes 1-74.

GÓMEZ, B. 1988. *Estudio sistemático y biogeográfico de los moluscos terrestres del Suborden Orthurethra (Gastropoda: Pulmonata: Stylommatophora) del País Vasco y regiones adyacentes y Catálogo de las especies ibéricas.* Tesis Doctoral (inédita), Universidad del País Vasco. 424 p.

GÓMEZ, J.D, M. VARGAS & E.A. MALEK. 1986. Freshwater mollusks of the dominican republic. *The Nautilus,* 100(4):130-134.

GOODRICH, C. & H. V. D. SCHALIE. 1937. Mollusca of Petén and North Alta Vera Paz, Guatemala. *Misc. Publ. Univ. Mich. Mus. Zool.,* 34:1-50, L. 1.

GOULD, A.A. 1943. Monograph of the species of *Pupa* found in the U.S. with figures. *Boston Jn. Nat. Hist.,* 4, 356 p.

GOULD, S.J., N.D. YOUNG. & B. KASSON. 1985. The consequences of being different: sinistral coiling in *Cerion. Evolution,* 39(6):1364-1379.

GUDE, G.K. (1900). "Further notes on helicoid land shells from Japan, the Loo-Choo, and Bonin Islands, with descriptions of seven new species". *Proceedings of the Malacological Society of London* 4: 70-80. Table VIII, figure 24-26.

GUEVARA, Z. 1998. *Biogeografía de los moluscos continentales del departamento de Managua durante la época seca.* Tesis de Licenciatura, Universidad Centroamericana, Managua, Nicaragua. 120 p + anexos.

HAAS, F. 1949. Some land and freshwater mollusks from Guatemala. *The Nautilus*, 62(4):136-138.

HAAS, F. 1960. Caribbean land molluscs: Vertiginidae. *Studies on the fauna of Curaçao and other caribbean islands*, 10(41):1-17, L. 1-5.

HAAS, F. 1962. Caribbean land molluscs: Subulinidae and Oleacinidae. *Studies on the fauna of Curaçao and other caribbean islands*, 13(58):49-60, L. 7-18.

HAAS, F. & A. SOLEM. 1960. Non marine mollusks from British Honduras. *The Nautilus*, 73(4):129-131, figs. 5-7.

HANNA, G .1923. Expedition of the California Academy of Sciences to the Gulf of California. *Proc. Cal. Acad. Sci.,* 12(26):483-527, L. 7-11.

HARRY, H.W. & B. HUBENDICK. 1964. The freshwater pulmonate mollusca of Puerto Rico. *Göteborgs Kungl. Vetenskaps-och Vitterhets-samhälles Handligar,* series B, 9(5):1-77.

HERRERA, A., R. del VALLE & N. CASTILLO. 1987. Aplicación de métodos de clasificación numérica en el estudio ecológico del litoral rocoso. *Reporte de Investigación.*, Instituto de Oceanología, 70:1-17.

HERSHLER, R. & F.G. THOMPSON. 1992. A review of the aquatic gastropod subfamily Cochliopinae (Prosobranchia: Hydrobiidae*). Malacological Review, Suppl.,* 5,140 p.

HINKLEY, A.A. 1907. Shells collected in northeastern Mexico. *The Nautilus*, 21(7), 76-77.

HINKLEY, A.A. 1920. Guatemala Mollusca. *The Nautilus*, 34:37-55.

HUBALEK, Z. 1982. Coefficients of association and similarity, based on binary (presence-absence) data: an evaluation. *Biol. Rev.,* 57:669-689.

HUBENDICK, B. 1955. Phylogeny in the planorbidae. *Trans. Zool. soc. London,* 28(6):453-542.

HUBENDICK, B. 1964. Studies on ancylidae: The subgroups.. *Medd. Götebor, Mus. Zool. Avd.,* 137(B)9(6):1-72.

HUBRICHT, L. 1956. Land snails of Shenandoah National Park. *The Nautilus,* 70(1):15-16.

HUBRICHT, L. 1961. Eight new species of land snails from the southern United States. *The Nautilus*, 75(1):26-32.

HUBRICHT, L. 1965. Notes on Zonitidae. *The Nautilus*, 78:133-135.

HUBRICHT, L. 1968. The land snails of Mammoth Cave National Park, Kentucky. *The Nautilus*, 82(1):24-28.

HUBRICHT, L. 1983. The genus *Praticolella* in Texas. *The Veliger,* 25(3):244-250.

HUMMELINK, W.P. 1940. A survey of the mammals, lizards and mollusks. *Studies on the fauna of Curacao and other Caribbean islands*, 1:58-108.

IBAÑEZ, M., M.R. ALONSO & J. ALVAREZ. 1976. El cartografiado de los seres vivos en España. *Trab. Monogr. Dep. Zool. Univ. Granada*, 2:1-10.

IBAÑEZ, M. & M.R. ALONSO. 1990. *La proyección UTM: Su aplicación al estudio de la flora y la fauna Canaria*. En, Homenaje al Prof. Dr. Telesforo Bravo. Tomo I, pp. 453-470. Ed. Universidad de la Laguna, Tenerife.

INBIO. 1999. "*Ovachlamys fulgens* (Gude, 1900)". En línea: www.inbio.ac.cr , accessed 27 Junio del 2011.

INCER, J. 1973. *Geografía ilustrada de Nicaragua*. Editorial Recalde, Managua.

INETER. 1965. *Mapa de Nicaragua*. Escala 1:250.000. Ineter, Managua.

INETER. 1989. *Mapa topográfico de Nicaragua*. Escala 1:50.000. Ineter, Managua.

INETER. 1992a. *Atlas escolar de Nicaragua*. Ineter, Managua.

INETER. 1992b. *Mapa de Nicaragua*. Escala 1:1.000.000. Ineter, Managua.

JACCARD, P. 1901. Etude comparative de la distribution florale dans une portion des Alpes et des Jura. *Bull. Soc. Vaudoise Sci. Nat.*, 37:547-579.

JACOBSON, M.K. 1965. Preliminary remarks on the land mollusks of Nicaragua. Reprinted from *Annual Reports for 1965 of the American malacological Union*, p. 3.

JACOBSON, M.K. 1968. On a collection of terrestrial mollusks from Nicaragua. *The Nautilus*, 81:114-120.

KEEN, A.M. 1971. *Sea shells of tropical west America*. Stanford University Press, Stanford, California. 1064 p.

KERNEY, M.P. 1970. The british distribution of *Monacha cantiana* (Montagu) and *Monacha cartusiana* (Müller*). J. Conch., Lond.,* 27:145-148.

KERNEY, M.P. 1972. The british distribution of *Pomatias elegans* (Müller). *J. Conch., Lond.,* 27:145-148.

KERNEY, M.P. 1973. Mapping of non-marine mollusca in north-west Ireland, summer 1972. *Ir. Nat. J.,* 17:310-316.

KERNEY, M.P. 1976. European distribution maps of *Pomatis elegans* (Müller), *Discus ruderatus* (Férussac), *Eobania vermiculata* (Müller) and *Margaritifera margaritifera* (Linné). *Arch. Moll.,* 106(4/6):243-249.

LARRAZ, M. 1982. *Contribución al conocimiento de la fauna de moluscos terrestres y dulceacuícolas de Navarra.* Tesis Doctoral (inédita), Universidad de Navarra. 607 p.

LARRAZ, M. & R. JORDANA. 1984. Moluscos terrestres de Navarra y descripción de *Xeroplexa blancae* n. sp. (F. Helicidae). *Publ. Biol. Univ. Navarra* (Zool.), 11:65 p.

LECLERCQ, J. & C. VERSTRAETEN. 1979. Realisations et perspectives de la cartographie des invertebrés en Belgique et en Europe. *Boll. Zool.,* 46:261-278.

LISICKY, M.J. 1990. Structure type unit of ecological mapping. *Ekologia* (CSSR), 9:45-48.

LITTLETON, T.G. 1975. *Gulella bicolor* (Hutton) in Texas. *Sterkiana,* 58:51.
LÓPEZ, A. 1990. Shelling in Nicaragua: Springtime I. Ometepe Volcanos. *Hawaiian Shell News,* 39(9):9-10. New Ser. 369.

LÓPEZ, A. 1991. Shelling in Nicaragua, Springtime II. Ometepe Lake Shore. *Hawaiian Shell News,* 39(9):5-6. New Ser. 374.

LÓPEZ, A. 1992. Shelling in Nicaragua' s El Castillo. *Hawaiian Shell News,* 40(9): 1, 4. New. Ser. 393.

LÓPEZ, A. & J. LÓPEZ. 1982. *Voluta demarcoi* in Nicaragua. *Hawaiian Shell News,* 268, 30(4):3-4.

LÓPEZ, A. & J. LÓPEZ. 1983. New shells and range extensions in Nicaragua. *Hawaiian Shell News,* 288, 3(2):4.

LÓPEZ, A., M. MONTOYA & J. LÓPEZ. 1988. A review of the genus *Agaronia* (Olividae) in the Panamic Province and the description of two new species from Nicaragua. *The Veliger,* 30(3):295-304.

LÓPEZ, A., S.J. & A.M. PÉREZ. 1993. The Malacofauna of a Volcanic Lake, Nicaragua. *Hawaiian Shell News,* 41(6):1,6 (New Series 402).

LÓPEZ, A., S.J. & A.M. PÉREZ. 1996. Nuevos registros de gastrópodos advenedizos para la malacofauna continental de Nicaragua. *Rev. Biol. Trop.,* 44(1):302-303.

LÓPEZ, A., S.J. & A.M. PÉREZ. 1998. Nuevos registros de caracoles terrestres en Nicaragua. *Rev. Biol. Trop.,* 46(1):167-168.

LÓPEZ, A., K. ALTONAGA & A.M. PÉREZ. 1998. Comportamiento alimenticio en dos Spiraxidae (Gastrocopta: Pulmonata) de Nicaragua: *Euglandina cumingii* y *Streptostyla turgidula. Encuentro,* 46:25-32.

McCLELLAN, J.H. 1950. Texas snails. *The Nautilus,* 64:41.

MAGURRAN, A. 1987. *Ecological diversity and its measurement.* Princeton University Press, Princeton, New Jersey, 177 p.

MANGA, Y. 1983. *Los helicidae (Gastropoda: Pulmonata) de la provincia de León.* CSIC. León. 394 p.

MARTIN, R. 1985. Los limacos del País Vasco y zonas adyacentes (Mollusca: Gastropoda: Agriolimacidae, Limacidae, Milacidae, Arionidae, Testacellidae). Tesina de Licenciatura (inédita). Universidad del País Vasco. 132 p.

MARTÍNEZ-ORTÍ, A. 1999. *Moluscos terrestres testáceos de la comunidad de Valencia.* Tesis doctoral (inédita), Universitat de València. 743 p + 19 L.

MALEK, E.A. 1962. *Medical Malacology. Laboratory guides and notes.* Burgess Publishing Company, 154 p.

MALEK, E.A. 1969. Studies on tropicorbid snails (*Biomphalaria*: Planorbidae) from the Caribbean and Gulf of Mexico area including the southern United States. *Malacologia,* 7(2/3):183-209.

MARGALEF, R. 1974. *Ecología.* Omega, Barcelona. 951 p.

MARTENS, E.v. 1890-1901. *Biologia Centrali-Americana. Land and Freshwater Mollusca.* London, Taylor and Francis. 706 p.

MARQUET, R. 1985. An intensive zoogeographical and ecological survey of the land mollusca of Belgium: aims, methods and results (Mollusca: Gastropoda). *Annls Soc. r. zool. Belg.,* 115(2):165-175.

MARTIN, P.S., 1958. A biogeography of reptiles and amphibians in the Gómez Faras region, Tamaulipas, Mexico. *Museum of Zoology of the University of Michigan Miscelaneous Publications,* 101,102 p.

MAYR, E. & P.D. ASHLOCK. 1993. *Principles of systematic zoology.* McGraw Hill, New York, 475 p.

MEAD, A. R. 1961. *The giant african snail.* The University of Chicago, Chicago.

MILLER, W. & E. NARANJO-GARCIA. 1991. Familial relationships and biogeography of western american and caribbean helicoidea. *Amer. Mal. Bull.,* 8(2):147-153.

MOL, J.J.v. 1971. Notes anatomiques sur les Bulimulidae (Mollusques, Gasteropodes, Pulmonés). *Ann. Soc. Roy. Zool. Belg.,* 101(3):183-225.

MONGE-NÁJERA, J. 1997. *Moluscos de importancia agrícola y sanitaria en el trópico: la experiencia costarricense.* Editorial de la Universidad de Costa Rica, Costa Rica. 166 p.

MORRISON, J.P.E. 1954. The relationships of old and new world Melanians. *Proc. U.S. Nat. Mus.,* 103(3325):357-394.

MORRISON, J.P. E. 1955. Notes on American cyclophorid land snails, with two new names, eight new species, three new genera and the family amphicyclotidae separated on animal characters. *J. Wash. Acad. Sci.,* 45(5):149-162.

MORRISON, J.P.E. 1973. Zoogeography of Pleurocerine freshwater snails. *Malacologia,* 14:426.

MORSE, E.S. 1864. Observations on the terrestrial pulmonifera of Maine, including a catalogue of all species of terrestrial and fluviatile mollusca known to inhabit the state. *J. Portland Soc. Nat. Hist.,* 1(1):1-63, L. 1-10.

NAGGS, F. 1989. *Gulella bicolor* (Hutton) and its implications for the taxonomy of Streptaxids. *J. Conch.,* 33:165-168.

NARANJO-GARCÍA, E & A. GARCÍA-CUBAS. 1986. Algunas consideraciones sobre el género *Pomacea* (Gastropoda: Pilidae) en México y Centroamérica. *Ann. Inst. Biol. UNAM,* 56:603-606.

NECK, R.W. 1976. Adventive land snails in the Brownsville Texas area. *Southwestern Naturalist,* 21:133-135.

NECK, R.W. 1977. Geographical range of *Praticolella griseola* (Polygyridae). Correction and analysis. *The Nautilus*, 91(1):1-4.

NORDSIECK, H. 1987. Revision des systems der Helicoidea (Gastropoda: Stylommatophora). *Arch. Moll.*, 118(1-3):9-50.

ONDINA, M.P. 1995. *Gasterópodos terrestres de A Coruña y Pontevedra*. Tesis Doctoral (inédita), Universidade de Santiago, Galicia. España. 387 p.

OVIEDO, E. 1993. *Atlas Básico Ilustrado de Nicaragua y el Mundo* (ABINM). EPADISA-SALMA, Madrid. 66 p.

PAIN, T. 1964. The *Pomacea flagellata* complex in Central America. *J. Conch.*, 25(6):224-231.

PAIN, T. 1972. The Ampullariidae. an historical survey. *J. Conch.*, 27(7):453-462.

PALOMO, L.J. & A. ANTÚNEZ. 1992. *Los atlas de distribución de especies*. En, Objetivos y métodos biogeográficos. Aplicaciones en herpetología. *Monogr. Herpetol.*, 2:39-50.

PARODIZ, J.J. 1957. Catalogue of the land Mollusca of Argentina. *The Nautilus*, 70(4):127-135.

PATTERSON, C.M. 1971. Taxonomic studies of the land snail family Succineidae. *Malacological Review*, 4:131-202.

PÉREZ, A.M. 1994. *Variabilidad en moluscos gastrópodos. Una aproximación general.* Editorial UCA, Managua. 64 p.

PÉREZ, A.M. & A. LÓPEZ. 1993a. Estado actual .del conocimiento de la malacofauna continental de Nicaragua. *Encuentro*, 40:23-38.

PÉREZ, A.M. & A. LÓPEZ. 1993b. Laguna de Apoyo: Valor paisajístico y diversidad malacológica. *Siempreverde*, 7:1-2

PÉREZ, A.M. & A. LÓPEZ. 1993c Nuevos reportes para la fauna de moluscos continentales de Nicaragua. *Rev. Biol. Trop.*, 41:913-914.

PÉREZ, A.M. & A. LÓPEZ. 1995a. New data on the morphology and the distribution of *Bulimulus corneus* Sowerby, 1833 (Gastropoda: Pulmonata: Orthalicidae). *Abstracts*, XII, pp. 396-398. International Malacological Congress, pp. 396-398.

PÉREZ, A.M. & A. LÓPEZ. 1995b. La diversidad malacológica en Nicaragua: aproximaciones a un nuevo enfoque. *Encuentro*, 43:28-32

PÉREZ, A.M. & A. LÓPEZ. 1995c. Rediscovery, distribution and new taxonomic assignment of *Leptinaria sinistra* Martens, 1898 (Gastropoda: Pulmonata: Subulinidae) from Nicaragua. *Malacological Review*, 28:127-130.

PÉREZ, A.M. & A. LÓPEZ. 1995d. Continental snail fauna in La Flor protected area, Rivas Department, Nicaragua. *Of Sea and Shore*, 18:64-70.

PÉREZ, A.M. & A. LÓPEZ. 1997. New data on the morphology and the distribution of *Bulimulus corneus* Sowerby, 1833 (Gastropoda: Pulmonata: Othalicidae) in Nicaragua. *Iberus*, 15(2):13-24.

PÉREZ, A.M. & A. LÓPEZ. 1998a. Nuevos datos sobre la morfología y la distribución de *P. griseola* (Pfeiffer, 1841) (Pulmonata:Polygyridae) en Nicaragua. *Iberus*, 16(2):85-94.

PÉREZ, A.M. & A. LÓPEZ. 1998b. Análisis comparativo preliminar de localidades notables de gastrópodos de Nicaragua. *Encuentro*, 46:60-70.

PÉREZ, A.M. & A. LÓPEZ. 1999. Estudio taxonómico y biogeográfico preliminar de la malacofauna continental (Mollusca: Gastropoda) del Pacífico de Nicaragua (1995-1998). *Cuadernos de Investigación, Universidad Centroamericana*, No. 1, 52 p.

PÉREZ, A.M. & A. LOPEZ. 2002. Morfología y distribución de *Thysanophora crinita* (Stylomatophora: Thysanophoridae) en Nicaragua. *Rev. Biol. Trop.*, 50(1):107-116.

PÉREZ, A.M. & A. LOPEZ. 2003. Listado de la malacofauna continental del Pacífico de Nicaragua. *En:* Malacologia Latinoamerica, 405-461.

PÉREZ, A.M. & J. ESPINOSA. 1994. Sinistralidad en *Caracolus sagemon marginelloides* (Orb. in Sagra) (Mollusca: Gastropoda: Camaenidae). *Cuadernos de Investigación Biológica Bilbao*, 18:235-244.

PÉREZ, A.M., M. M. SANTAMARÍA & A. LÓPEZ. 1996. Patrones espaciales, densidad y relaciones biométricas en *Bulimulus corneus* Sowerby (Mollusca: Gastropoda: Orthalicidae). *Cuad. Invest. Mus. Alava*, (10-11):159-165.

PÉREZ, A.M., A. LÓPEZ, Z. GUEVARA, K. ALTONAGA, P. PUJOL, I. SIRIA & A.I. PUENTE. 1997. Estudio faunístico y biogeográfico de los caracoles continentales del departamento de Managua y sus alrededores: *Praticolella griseola* (Pfeiffer, 1841). III Congreso Latinoamericano de Malacología, Ensenada, México. *Resúmenes*, pp. 49-51.

245

PÉREZ, A.M., A. LÓPEZ, P. PUJOL, I. SIRIA, K. ALTONAGA & A. PUENTE. 1998a. El cartografiado UTM y su aplicación a los estudios zoogeográficos en moluscos continentales de Nicaragua. *Biogeographica*, 74(3):97-102.

PÉREZ, A.M., A. LÓPEZ & K. ALTONAGA. 1998b. Continental molluscan fauna of the Nicaraguan pacific slope: a preliminary list with the example of a remarkable taxon. *Abstracts*, XIII International Congress of Malacology, Washington, D.C., USA.

PÉREZ, A.M., G. BORNEMANN, L. CAMPO, M. SOTELO, F. RAMÍREZ & I. ARANA. 2005. Relaciones entre biodiversidad y producción en sistemas silvopastoriles de América Central. *Ecosistemas*, 14(2).

PÉREZ, A.M., A. LOPEZ, J. URCUYO & M. SOTELO. 2003. Sinopsis cuantitativa de la malacofauna de Nicaragua. *En:* Malacologia Latinoamerica, 401-404.

PÉREZ, A.M., I. ARANA, M. SOTELO & B. BONILLA. 2004. Altitudinal variation of diversity on landsnail communities from Maderas Volcano, Ometepe, Nicaragua *Iberus,* 22(1).

PÉREZ, A.M., K. ALTONAGA & A. LÓPEZ. 2008. New data on the distribution and morphology of *Euglandina obtusa* (Pfeiffer, 1844) a Nicaraguan endemism. *Iberus*, 26(2):127-131.

PÉREZ, A.M., M. SOTELO, I. ARANA & A. LÓPEZ. 2008. Diversidad y aspectos del hábitat en las comunidades de moluscos gasterópodos terrestres en la región del Pacífico de Nicaragua. *Rev. Biol. Trop.,* 56(1):317-333.

PHILIPPI, R.A. 1842-1851. *Abbildungen und beschribungen beuer oder wenig gekannter conchylien.* Cassel (3 vols).

PILSBRY, H.A. 1888-1931. *Manual of Conchology.* 2nd Series. Published by the Department of Conchology, Academy of Natural Science, Philadelphia.

PILSBRY, H.A., 1891. Land and freshwater mollusks collected in Yucatán and Mexico. *Proc. Acad. Nat. Sci. Phila.,* 43:310-334, L. 14-15.

PILSBRY, H.A. 1898. A classified catalogue of american land shells, with localities. *The Nautilus,* 11:117-132.

PILSBRY, H.A. 1900. Notes on some southern Mexican shells. *The Nautilus,* 13:98, 139-141.

PILSBRY, H.A. 1903. Mexican land and freshwater mollusks. *Proc. Acad. Nat. Sci. Phila.,* 55:761-788, 8 L.

PILSBRY, H.A., 1910. Land mollusca of the Panamá canal zone. *Proc. Acad. Nat. Sci. Phila.*, 62:502-509, L. 37.

PILSBRY, H.A. 1919. Mollusca fron Central America and Mexico. *Proc. Acad. Nat. Sci. Phila.,* 71:212-223 (México, Guatemala).

PILSBRY, H.A. 1920a. Costa Rican land and freshwater mollusks. *Proc. Acad. Nat. Sci. Phila.*, 72:2-10

PILSBRY, H.A. 1920b. Mollusca fron Central America and Mexico. *Proc. Acad. Nat. Sci. Phila.,* 72:195-201.

PILSBRY, H.A. 1920c. Review of the *Thysanophora plagioptycha* group. *The Nautilus*, 33:93-96.

PILSBRY, H.A. 1926. The land mollusks of the Republic of Panama and the canal zone. *Proc. Acad. Nat. Sci. Phila.*, 78:57-126.

PILSBRY, H.A. 1930. Results of the Pinchot South Sea expedition II. Land Mollusks of the Canal Zone, The Republic of Panamá. *Proc. Acad. Nat. Sci. Phila.*, 82:346-347, figs, 3, 3a, 3b.

PILSBRY, H.A. 1935. Description sof middle american land and freshwater mollusca. *Proc. Acad. Nat. Sci. Phila.*, 87:1-6, L. 1, 2 figs.

PILSBRY, H.A. 1939. Land mollusca of North America (north of Mexico). *Monographs of the Academy of Natural Sciences of Philadelphia,* 3, 1(1):1-573.

PILSBRY, H.A., 1940. Land mollusca of North America (north of Mexico). *Monographs of the Academy of Natural Sciences of Philadelphia,* 3, 1(2):575-994.

PILSBRY, H.A. 1946. Land mollusca of North America (North of Mexico). *Monographs of the Academy of Natural Sciences of Philadelphia* 3, 2(1):1-521.

PILSBRY, H.A. 1948. Land mollusca of North America (North of Mexico). *Monographs of the Academy of Natural Sciences of Philadelphia,* 3, 2(2):521-1113.

PILSBRY, H.A. & BEQUAERT. 1927.Aquatic molluscs of the belgian congo. *Bull. Amer. Mus. Nat. Hist.*, 52:250-259, L. 29.

PILSBRY, H.A. & FERRISS. 1910. Mollusca of the southwestern states. IV. The Chiricagua mountains, Arizona. *Proc. Acad. Nat. Sci. Phila.*, 62:45-147, 14 L.

PITTIER, H. 1890. Apuntamientos para la historia natural de Costa Rica. Mollusca. *Anales del Instituto Físico-geográfico y del Museo Nacional de Costa Rica*, 3:123-126.

POLLARD, F. 1974. Distribution maps of *Helix pomatia* Linné. *J. Conch., Lond.*, 28:239-242.

PRESTON, H.B. 1903. Supposed new species of *Helicina* and *Bulimulus* from Costa Rica. *J. Malac.*, 10:4.

PRIETO, C.E. 1986. *Estudio sistemático y biogeográfico de los Helicidae sensu Zilch, 1959-60 (Gastropoda: Pulmonata: Styllommatophora) del País Vasco y regiones adyacentes.* Tesis Doctoral (inédita), Universidad del País Vasco. 393 p, 10 L.

PRIETO, C.E., B.J. GÓMEZ & E. ANGULO. 1981. La subfamilia Helicinae (Gastropoda: Pulmonata: Helicidae) en el País Vasco y provincias vecinas. *Cuad. Invest. Biol. Bilbao*, 1:51-56.

PRIETO, C.E. & M. SEVILLANO. 1994. Sectorización biogeográfica del País Vasco y regiones vecinas basada en la superfamilia Helicoidea (Gastropoda: Pulmonata). *Cuad. Invest. Biol. Bilbao*, 18:21-36.

PUENTE, A.I. 1994. *Estudio taxonómico y biogeográfico de la superfamilia helicoidea Rafinesque, 1815 (Gastropoda: Pulmonata: Stylommatophora) de la península Ibérica e Islas Baleares.* Tesis Doctoral (inédita), Universidad del País Vasco. 970 p + láminas.

PUENTE, A.I. & C.E. PRIETO. 1991. *Cernuella (Xerocincta) neglecta* (Draparnaud, 1905) (Pulmonata: Stylommatophora: Hygromiidae) en el Península Ibérica. *Iberus*, 8(2):31-37.

PUENTE, A.I. & C.E. PRIETO. 1992. La superfamilia Helicoidea (Pulmonata: Stylommatophora) en el norte de la Península Ibérica: corología y sectorización malacogeográfica. *Graellsia*, 48:133-169.

PUENTE, A.I., K. Altonaga, C.E. PRIETO & A. RALLO. 1998. Delimitation of biogeographical areas in the Iberian Peninsula on the basis of Helicoidea species (Pulmonata: Stylommatophora). *Global Ecology and Biogeography*, 7:97-113.

RANGEL, L. 1988. Estudio morfológico de *Pomacea flagellata* (Say, 1827), (Gastropoda: Ampullariidae) y algunas consideraciones sobre su taxonomía y distribución geográfica en México. *Anales Inst. Biol. UNAM*, 58, Ser. Zool., (1):21-34.

REHDER, H.A. 1942. Some new land shells from Costa Rica and Panamá. *J. Wash. Acad. Sci.*, 32(11):350-352, 19 figs.

REHDER, H.A. 1966. The non-marine mollusks of Quintana Roo, Máxico, with the description of a new species of *Drymaeus* (Pulmonata:Bulimulidae). *Proc. Biol. Soc. Wash.*, 79:273-296.

REEVE, L.A. & G.B. SOWERBY (2ND). 1843-1878. *Conchologica iconica: or illustrations of shells of molluscous animals.* London. (20 vols).

REMANE, A., S. VOLKER & U. WELSCH. 1980. *Zoología sistemática: Clasificación del reino animal.* Barcelona, Omega.

REYMENT, R.A., R.E. BLACKITH & N.A. CAMPBELL. 1984. *Multivariate morphometrics.* Academic Press, London. 233 p.

RICHARDS, C.S. 1963. Infectivity of *S. mansoni* for Pto Rico mollusks including a new potential intermediate host. *Am. Trop. Med. Hyg.,* 12:26-33.

RICHARDS, H.G. 1938. Land mollusks from the island of Roatan, Honduras. *Proc. Amer. Phil. Soc.*, 79(2):167-178, L. 1-4.

RICHARDS, H.G. 1939. Land mollusks from Corn island, Nicaragua. *Proc. Amer. Phil. Soc.*, 81(1):29-36.

RIEDEL, A. 1980. *Genera Zonitidarum. Diagnosen supraspezifischer Taxa der Familie Zonitidae (Gastropoda: Stylommatophora).* Backhuys, Rotterdam. 197 p.

ROBERTSON, R. 1963. The mollusks of British Honduras. *Proc. Phila. Shell Club*, 1(7):15-20.

ROBINSON, D.G. 2003. "Invasive Mollusk Survey of Miami-Dade and Broward Counties, Florida June 2003". Division of Plant Industry, Florida Department of Agriculture and Consumer Services. PDF.

PÉREZ, A.M., G. BORNEMANN, L. CAMPO, M. SOTELOo, F. RAMÍREZ & I. ARANA. 2005. Relaciones entre biodiversidad y producción en sistemas silvopastoriles de América Central. *Ecosistemas*, 14(2).

ROHLF, F.J. 1992. *NTSYS-pc, vers. 1.7. Numerical taxonomy and multivariate analysis system.* Exeter Software, New York.

ROLLO, C.D. & W.G. WELLINGTON. 1975. Terrestrial slugs in the vecinity of Vancouver, British Columbia. *The Nautilus*, 89(4):107-115.

ROSSIGNOLI, J.L. 1976. *Proyección Universal Transverse Mercator. Sistemas Conformes Proyección UTM. Cuadrículas y sistemas de referencia.* Madrid, Servicio Cartográfico del Ejército. vol. I, 220 p.

RUSSELL, H.D. 1941. The recent mollusks of the family Neritidae of the western Atlantic. *Bull. Mus. Comp. Zool.*, 88(4):347-404.

SABELLI, B. 1979. *Shells.* Simon & Schuster, Nueva York. 509 p.

SCHALIE, H. v.d., 1940. Notes on mollusca from Alta Vera Paz, Guatemala. *Occ. Pap. Mus. Zool. Univ. Mich.*, 413,11 p.

SCHALIE, H.v.d. 1948. The land and freshwater mollusca of Puerto Rico. *Misc. Publ. Mus. Zool. Univ. Mich.*, 70:1-134.

SALAS, J.B. 1993. *Arboles de Nicaragua.* Editoral Hspamer, Managua. 388 p.

SIMROTH, H. 1886. Ueber bekannte und neue palaearktische nackschnecken. *Jb. Dtsch. Malak. Ges.*, 13:311-342, L. 10-11.
SMITH, A. 1971. New record for a rare Galapagos land snail. *The Nautilus*, 85(1):7.

SOKAL, R.R. & F.J. ROLHF. 1962. The comparison of dendrograms by objective methods. *Taxon*, 11:30-40.

SOLEM, A. 1959. Systematics of the land and freshwater Mollusca of the New Hebrides. *Fieldiana: Zool*, 43(1).

SOLEM, A. 1961. A preliminary review of the pomatiasid land snails of Central America (Mollusca: Prosobranchia). *Archiv fur Molluskenkunde*, 90:191-213.

SOLEM, A. 1966. Some non-marine mollusks from Thailand with notes on the classification of the helicarionidae. *Spolia Zool. Mus. Hauniensis, Copenhagen*, 24:1-110.

SOLEM, A. 1976. *Endodontoid land snails from Pacific islands. Part I. Family Endodontidae.* Field Museum of Natural History, Chicago. 508 p.

SOLEM, A. 1977. Shell microsculture in *Striatura, Punctum, Radiodiscus* y *Planogyra* (Pulmonata). *The Nautilus*, 91(4):149-155.

SOLEM, A. 1983. *Endodontoid land snails from Pacific islands (Mollusca: Pulmonata: Sigmurethra). Part II. Families Punctidae and Charopidae, Zoogeography.* Field Museum of Natural History, Chicago. 336 p.

SOWERBY, G.B. 1842-1887. *Thesaurus chonchyliorum, or monographs of genera of shells.* London.

STANISIC, J. 1981. The carnivorous land snail *Gulella (Hutonella) bicolor* (Hutton, 1834) in   Australia (Pulmonata: Streptaxidae). *J. malac. Soc. Aust.*, 5:84-86.

STEENBERG, C.M. 1925. Etudes sur lánatomie et la systématique des maillots (Fam. Pupillidae s. lat.). *Vidensk. Medd. dansk. Naturh. For.*, 80:11-211.

STREBEL, H. & G. PFEFFER. 1882. *Beitrag zur kenntnis der fauna mexikanischer Land und susswasser-conchylien.* Abh. Naturw. Ver. Hamburg, V:1-144.

TATE, R. 1870. On the land and freshwater mollusca of Nicaragua. *Amer. J. Conch.*, 5:151-162.

TAYLOR, D.W. 1966. A remarkable snail fauna from Coahuila, Mexico. *The Veliger*, 9(2):152-228.

TAYLOR, J.W. 1902-1907. *Monograph oh the land and freshwater mollusca of the British isles. Testacellidae, Limacidae & Arionidae.* Part VIII-XIIII, i-xx + 312 p + 25 L.

TE, G.A. 1975. Michigan Physidae, with systematic notes on *Physella* and *Physodon* (Basommatophora: Pulmonata). *Malacological Review*, 8(1-2):7-30.
TESTUD, A.M. 1977. Répartition en France de l´espèce *Cochlicella ventricosa* (Draparnaud, 1801) (Gastropode pulmoné terrestre). *Haliotis*, 6:315-319.

THIELE, J. 1929. *Handbuch der systematischen Weichtierkunde*, Jena. 1134 p.

THOMÉ, J.W. 1969. Redescriçao dos tipos de veronicellidae (Mollusca, Gastropoda) neotropicais: I. Espécies depositadas no "Zoologischen Museum" de Kiel, Alemanha. *Iheringia, Zoologia*, 37:101-111, 21 figs.

THOMÉ, J.W. 1975. Os generos da familia Veronicellidae nas Americas (Mollusca: Gastropoda). *Iheringia, Zoologia*, 48:3-56.

THOMÉ, J.W. 1985. Redescriçao dos tipos de veronicellidae (Mollusca, Gastropoda) neotropicais: X. Os tipos de *Diplosolenodes occidentalis* (Guilding, 1825) no British Museum (Natural History), Londres. *Rev. Brasil. Zool., S. Paulo*, 2(6):411-417.

THOMÉ, J.W. 1989. Annotated and illustrated preliminary list of the Veronicellidae (Mollusca: Gastropoda) of the Antilles, and Central and North America. *J. Med. & Appl. Malacol.*, 1:11-28.

THOMÉ, J.W. 1993. Estado atual da sistemática dos Veronicelloidae (Mollusca: Gastropoda) americanos, com comentarios sobre sua importancia econômica, ambiental e na saúde. *Biociencias*, 1(1):61-75.

THOMÉ, J.W. & V.L. LOPES PITONI. 1976. Redescriçao dos tipos de veronicellidae (Mollusca, Gastropoda): Espécies no "National Museum of natural History, Smithsonian Institution", Washington, EUA. *Rev. Brasil. Biol.*, 36(3):709-714.

THOMÉ, J.W., P.H. dos SANTOS & L. PEDOTT. 1997. Annotated list of Veronicellidae from the collections of the Academy of Sciences of Philadelphia and the National Museum of Natural History, Smithsonian Institution, Washington D.C., USA. (Mollusca: Gastropoda: Soleolifera). *Proc. Biol Soc. Wash.*, 110(4):520-536.

THOMPSON, F.G. 1957. A collection of land and freshwater mollusks from Tabasco, mexico. *The Nautilus*, 70(3):97-102.

THOMPSON, F.G. 1958. The land snail genus *Microconus*. *The Nautilus*, 72(1):5-10.
THOMPSON, F.G. 1962. A new *Punctum* from Coban, Guatemala. *The Nautilus*, 76(1):23-25.

THOMPSON, F.G. 1963. New land snails from El Salvador. *Proc. Biol. Soc. Wash.*, 76:19-31, 2 L, 2 figs.

THOMPSON, F.G. 1967. The land and freshwater snails of Campeche. *Bulletin Florida State Museum*, 11(4):221-256.

THOMPSON, F.G. 1968.*The aquatic snails of the family hydrobiidae of Peninsular Florida*. University of Florida Press, Gainsville. 171 p.

THOMPSON, F.G. 1969. Some mexican and central american land snails of the family Cyclophoridae. *Zoologica*, 54(2):35-77.

THOMPSON, F.G. 1978. A new genus of operculate land snail from Hispaniola with comments on the status of family Annularidae. *The Nautilus*, 92(1):41-54.

THOMPSON, F.G. 1980. Proserpinoid land snails and their ralationship within the archaeogastropoda. *Malacologia*, 29(1):1-33.

THOMPSON, F.G. & H. LEE. 1980. New helicarionid land snails from southeastern United States. *Malacological Review*, 13:37-44.

THOMPSON, F.G. & A. LÓPEZ. 1996. A new land snail of the genus *Gastrocopta* from Nicaragua. *Am. Mal. Bull.*, 13(1/2):47-53.

TILLIER, S. 1989. Comparative morphology, phylogeny and classification of land snails and slugs (Gastropoda: Pulmonata: Stylommatophora). *Malacologia*, 30(1-2):1-303.

TORRE, C., P. BARTSCH & J.P.E. MORRISON. 1942. The cyclophorid operculate land mollusks of America. *Bull. U.S. Nat. Mus.*, 181:1-306.

TRISTRAM, H.B. 1961. Catalogue of a collection of terrestrial and fluviatile mollusks, made by O. Salvin Esq., in Guatemala. *Proc. zool. Soc. London*, 1861:229-233.

TRYON, G. & H.A. PILSBRY. 1879-1898. *Manual of Conchology*. I series. Philadelphia. Published by G. Tryon.

TURNER, H.M. 1978. *Hebetancylus excentricus* (Pulmonata: Ancylidae) in Louisiana and a report of septum formation. *The Nautilus*, 92(2):83-85.

URCUYO, J. 1998. *Biogeografía de los moluscos continentales del departamento de León durante la época lluviosa*. Tesis de Licenciatura, Universidad Centroamericana, Managua, Nicaragua. 115 p + anexos.

VANATTA, E.G., 1915. *Praticolella. Proc. Acad. Nat. Sci. Phila.*, 67:194-198.

VANATTA, E.G. & H.A. PILSBRY. 1906. *Bifidaria pentodon* and its allies. *The Nautilus*, 19(11):120-128, 134-135, L. 7.

WALLACE, A.R. 1876. *The geographic distribution of animals*. London.

WEBB, R.C., 1967. Erotology of three especies of *Praticolella*, and of *Polygyra pustula. The Nautilus*, 80:133-140, 81:11-18.

WENZ, W. 1938-1944. *Gastropoda: Prosobranchia*. En, Handbuch der Palaeozoologie. Ed. O.H. Schindewolf, Berlin, VI(1). 1639 p.

WILSON, E.O. 1994. Biodiversity: challenge, science, opportunity. *Amer. Zool*, 34:5-11.

WCMC. 1992. *Global Diversity. Status of the earth´s living resources*. Chapman & Hall, London. 585 p.

WURTZ, C.B. 1948. Some land snails from west Virginia with description of a new species. *The Nautilus*, 61(3):80-89.

ZILCH, A. 1959-60. *Gastropoda: Euthyneura*. En, Handbuch der Palaeozoologie. De. O.H. Schindewolf, Berlin, VI(2). 834 p.

GLOSARIO

(Tomado principalmente de ALONSO & IBAÑEZ, 1993), entre otros autores).

abertura – orificio de la concha para la salida de la cabeza y el pie del animal.

androdiáulico – uno de los subtipos del aparato reproducto diáulico de los gasterópodos, en el que hay un conducto deferente totalmente independiente para el traslado de los espermatozoides propios hasta el pene y además un oviducto con dos funciones: la recepción de los espermatozoides del otro individuo durante el acoplamiento y la evacuación de los huevos durante la puesta.

anfracto – cada una de las vueltas de espira de la concha de un gasterópodo.

apéndice peneano - divertículo lateral que desemboca en la porción proximal del pene en muchos Orthurethra. Normalmente es largo y en él se pueden distinguir varias regiones; por ejemplo, en los Enidae tiene una zona proximal de longitud menor que la del pene, provista de un músculo retractor propio, que se fusiona con el del pene justo antes de insertarse en la pared ventral del pulmón. A continuación hay una zona distal más larga que la proximal, que en su inicio es muy fina y en su porción distal engruesa, terminando en fondo ciego. Su función, según SCHILEYKO (1979), es la de almacenar los espermatozoides propios antes de introducirlos en el espermatóforo, con el que posterirmente serán trasnferidos al otro individuo durante el acoplamiento.

ápice – extremo de la concha de los gasterópodos, opuesto al de la abertura.

apomorfo – término utilizado por los sistemáticos cladistas para señalar en una secuencia evolutiva a un caráter homólogo derivado y diferenciarlo de uno ancestral (=plesiomorfo).

255

Para los cladistas, sólo los caracteres apomorfos compartidos por dos taxones indican relaciones estrechas de parentesco entre ellos. Al constituir un carácter apomorfo una novedad evolutiva en el antecesor de estos dos tazones, se llama autoapomorfía de este taxón ancestral y al compartirla sus descendientes constituye una sinapomorfía de ellos. En cambio, las plesiomorfías compartidas por dos tazones (simplesiomorfías) indican también un antecesor común a ambos, pero no el inmediato y exlcusivo del grupo.

arqueogasterópodos (Archaeogastropoda) – orden de los estreptoneuros, que engloba a los más primitivos. Tienen el sistema nervioso hipoatroide y carecen de sifón, de probóscide y de pene. Entre sus representantes más conocidos se encuentras las lapas (*Patella*), los tróquidos (*Gibbula, Monodonta, Calliostoma*) y las orejas de mar (*Haliotis*).

arqueopulmonados (Archaeopulmonata) – orden de los Pulmonata (eutineuros). Son primitivos, estando representados por una única superfamilia, Ellobiodea, que carece de opérculo y tiene un número relativamente bajo de cromosomas (n=16), viviendo fundamentalmente en el borde del mar.

atrio genital – porción final del aparato reproductor de los gasterópodos pulmonados terrestres, en la que desembocan los conductos masculino y femenino del mismo y que se abre al exterior a través del orificio genital.

aulacognata – uno de los tipos de mandíbula de los Stylommatophora (pulmonados terrestres), formada por una placa transversal con respedto al eje del animal, que está estriada longitudinalmente.

aulacópodos – grupo de pulmonados estilomatóforos, en los que el surco pedio está impreso muy nítidamente y queda situado por encima del ángulo del pie. Por ello, el pie está bordeado por una banda de la suela reptante, la orla pedia, que puede ser muy patente (como ocurre, por ejemplo, en el género *Arion*). En los aulacópodos, además, la suela normalmente está dividida en tres regiones por dos surcos longitudianles: una central y dos laterales, quedando restringidas las ondas locomotoras al área central. Ver "holópodos".

basal (abertura) – lado inferior de la abertura de la concha de los gasterópodos (el más alejado del ápice).

basomatóforos (Basommatophora) – orden de los Pulmonata (eutineuros). Tienen un número casi fijo de cromosomas (n=18). La cabeza está bien desarrollada y los ojos no están pedunculados, situándose normalmente en la base de dos tentáculos, que son retráctiles, pero no invaginables. La concha es variable, de espiralada a pateliforme, y el tamaño no pasa de 10 cm. En general carecen de opérculo (ver "Amphiboloidea") y el ctenidio ha desaparecido, siendo sustituido en ocasiones por branquias secundarias. El uréter normalmente desemboca en la porción anterior de la cavidad pulmonar. Son hermafroditas, teniendo su aparato reproductor generalmente dos orificios independientes (uno masculino y otro femenino), casi contiguos. La mayoría son dulceacuícolas, y algunos marinos o terrestres, viviendo en los bordes del mar. Se conocen más de 1,000 especies.

bolsa copulatriz – parte del aparato reproductor femenino de los gasterópodos. Tiene como función, junto con su divertículo (cuando existe), la de recibir durante el acoplamiento a los espermatozoides y (o) espermatóforo del otro individuo y destruir los sobrantes, así como al espermatóforo, tras el proceso reproductor. También se le aplican los nombres "bursa copulatrix", y "glándula gametolítica"; y además el de "espermateca", auqneu este último impropiamente, ya que su función no es la de almacenar los espermatozoides.

bolsa de fertilización – bolsa muy pequeña, situada en la zona de la encrucijada del aparato reproductor de los pulmonados, donde al parecer se produce la fecundación. Ver "talón".

bursa copulatrix – ver "bolsa copulatriz.

cámara de fertilización – ver "bolsa de fertilización"

canal sifonal – prolongación en forma de canal de la úlitma vuelta de espira de la concha de algunos gasterópodos, cuya función es dar protección al sifón. Las conchas que lo poseen se denominan sifonóstomas y las que carecen de él, holóstomas.

cavidad paleal = cavidad del manto – cavidad delimitada entre el cuerpo y los lóbulos del manto de los gasterópodos, en la que normalmente se sitúan los órganos respiratorios, los osfradios, los orificios excretores y reproductores, las glándulas hipobranquiales y el ano.

columela – eje de arrollamiento de la conchas de los gasterópodos, que puede ser hueco o macizo. En él se inserta el músculo columelar, que sujeta el animal a la concha.

columelar (abertura) – borde interno de la abertura de la concha de los gasterópodos. Es el lado que forma parte de la columela.

collar del manto – parte del manto de los estilomatóforos, que forma un engrosamiento paleal en el que se abre el pneumostoma. Puede prolongarse hacia delante o hacia los lados en lóbulos más o menos desarrollados que, como ocurre en muchas babosas, pueden llegar a cubrir completamente a la concha.

concha – cubierta, formada fundamentalmente por carbonato cálcico, que protege el cuerpo de los moluscos. Está segregada por el manto y normalmente tiene una capa externa de materia orgánica, el periostraco, que en parte es responsable de su colorido (en muchos gasterópodos, el material calcáreo de la concha también suele estar pigmentado). En los caracoles terrestres tiene, además de la función protectora contra sus enemigos, la de protección contra la desecación. Gracias a ella, y al desarrollo del epifragma, han conseguido conquistar los medio más secos.

concha convoluta (comparar con concha involuta) – concha en la que cada vuelta de espira recubre completamente a la anterior, (como en los estreptoneuros *Cypraea* o *Trivia*).

257

concha dextrorsa – concha arrollada a la derecha, de tal manera que la abertura queda a la derecha de la columela al colocar el ápice de la concha hacia arriba y la abertura hacia el observador.

concha imperforada – concha con la columela maciza y, por tanto, desprovista de ombligo.

concha involuta (comparar con concha convoluta) – concha en la que cada vuelta de espira recubre completamente a la anterior, pero con la particularidad de que las vueltas de espira crecen invertidas, de forma que el ápice queda ocupando una posición interna y es recubierto por la primera vuelta, ésta por la siguiente y así sucesivamente (como en el opistobranquio *Bulla*).

concha perforada – concha provista de ombligo.

concha sinistrorsa – concha arrollada a la izquierda, de tal manera que la abertura queda a la izquierda de la columela al colocar el ápice de la concha hacia arriba y la abertura hacia el observador.

conducto deferente – porción independiente del espermiducto de los pulmonados estilomatóforos, típicamente desprovista de glándulas, que desemboca en el pene. Su parte distal puede ensancharse formando el epifalo, que es musculoso y está glandularizado.

conducto gonopericárdico – nombre que adquiere el conducto renopericárdico derecho en las hembras de los estreptoneuros que lo poseen, cuando el riñón derecho deja de funcionar como tal y se incorpora completamente al aparato reproductor.

conducto hermafrodita – conducto que parte de la gónada en los gasterópodos hermafroditas; en los pulmonados comunica con la encrucijada.

conquiolina – sustancia orgánica, córnea (polisacárido), de la que se compone el periostraco de la concha de los moluscos.

ctenidio – branquia especial de los moluscos que recibe este nombre a causa de su aspecto pectiniforme (en forma de peine), ya que está formada por numerosas láminas ciliadas muy próximas entre sí y sostenidas por un eje. El movimiento de los cilios provoca el del agua, pudiéndose realizar así el intercambio respiratorio.

dardo – pequeño estilete calcáreo, que está situado en una bolsa del parato reproductor de algunos gasterópodos (bolsa del dardo=estilóforo), próxima al orificio genital. Es utilizado como estimulador sexual.

detorsión – proceso por el que puede anularse total o parcialmente la segunda fase de la torsión de la masa visceral de los gasterópodos.

diáulico – tipo de parato reproductor de los gasterópodos, que está provisto de dos conductos para el tránsito de los gametos. Dentro de este tipo hay dos subdivisiones:androdiáulico y oodiáulico.

ditremado – aparato reproductor de los gasterópodos provisto de dos orificios genitales. Este tipo se encuenta en muchos gasterópodos hermafroditas (como *Acteon*, entre los opistobranquios, y la mayoría de los Basommatophora, entre los pulmonados).

encrucijada – zona del aparato reproductor de los pulmonados en la que desembocan el conducto hermafrodita, la glándula de la albúmina y la bolsa de fertilización de la que parten, parcial o totalmente separados, el espermiducto y el oviducto.

endémico – dícese del taxón nativo (no introducido), con un área de distribución restringida. Las especies endémicas con frecuencia tienen amenazada su supervivencia, debido a que normalmente habitan en un área pequeña, en la que una alteración del medio puede provocar su extinción.

endocono – cúspide relativamente pequeña, situada en el lado interno (el más próximo al raquidio) de un diente de la rádula de los moluscos

epifalo – porción muscularizada y glandularizada del conducto deferente (en el aparato reproductor de los pulmonados), que desemboca apicalmente en el pene. En ocasiones queda marcado externamente su límite con el pene por la inserción del músculo retractor, aunque en algunas especies éste se inserta en el pene y en otras lo hace en el propio epifalo.

epifragma – lámina mucosa segregada por el borde del manto de los pulmonados terrestres, que sustituye al opérculo de los caracoles marinos. Se endurece al secarse en contacto con el aire, pudiendo estar reforzado por inclusiones calcáreas. Cierra completamente la abertura, como un tabique, o bien se adhiere al borde de la concha y a una superficie (por ejemplo, una roca). Protege al animal de la desecación, y queda tan fuertemente adherido que a veces, al despegar un caracol de una roca, en lugar de romper el epifragma rompemos la concha. En épocas muy desfavorables, como puede ser el invierno o el verano, según los casos, el animal suele segregar varios epifragmas (dos o tres), separados entre sí por cámaras de aire, para aumentar su protección . En cuanto llega la época favorable, el epifragma se humedece y ablanda, reanudando el animal su vida activa.

epipodios – salientes laterodorsales del pie de los gasterópodos, que pueden estar provistos de tentáculos y de órganos sensitivos tegumentarios. Están muy desarrollados, por ejemplo, en los tróquidos.

escudo cefálico – engrosamiento de la superficie dorsal de la cabeza, aplanado y ensanchado, adaptado para la excavación en fondos arenosos. Se encuentra en algunos opistobranquios primitivos, como *Gastropteron*, *Haminaea*, *Philine*, etc.

espermateca – nombre impropio dado a la bolsa copulatriz de los gasterópodos, ya que en ella no se almacenan los espermatozoides, sino que se destruyen los sobrantes tras el proceso de la reproducción.

espermatóforo – cápsula que contiene espermatozoides. En los estreptoneuros (como los nerítidos y los heterópodos) probablemente se segrega por las glándulas prostáticas del macho. En los pulmonados, participan en su formación el epifalo y el flagelo. Se transfiere al otro individuo durante el acoplamiento y es alojado en la glándula gametolítica o en su divertículo por medio de movimientos peristálticos, realizando su recorrido en 4-5 horas en el caso del caracol de Borgoña (*Helix pomatia* LINNAEUS). Una vez terminada su función, es destruido junto con los espermatozoides sobrantes. Es relativamente frecuente en los gasterópodos terrestres y presenta formas y ornamentaciones muy variadas; por ello, muchas veces tiene gran interés desde el punto de vista taxonómico.

espermoviducto – ver "ovoespermiducto".

estilóforo – ver "saco del dardo"

estilomatóforo – ver "Stylommatophora"

estreptoneuria – fenómeno de entrecruzamiento de los nervios que van desde los ganglios pleurales a la masa visceral, producido por el proceso de la torsión en los gasterópodos.

eutineuros (Euthyneura) – una de las dos subclases de los gasterópodos, en la que la estreptoneuria está anulada en su mayor parte.

flagelo – conducto ciego del aparato reproductor de los pulmonados, normalmente muy fino, que desemboca apicalmente en el epifalo, en el mismo lugar que el conducto deferente.

glándula arrollada – porción de la glándula mucosa del aparato reproductor de los opistobranquios. Es tubular y está muy plegada sobre sí misma.

glándula cuadal – glándula secretora de mucus, situada en el extremo posterior del cuerpo de las babosas de la familia Arionidae. Alcanza su máximo desarrollo durante la madurez sexual, y al parecer sirve para informar a los demñas individuos de la población si el ejemplar en cuestión está o no en disposición de reproducirse.

glándula de BLOCHMANN – glándula situada en el lado inferior del borde del manto que rodea a la concha y que se abre en el techo de la cavidad paleal de algunos opistobranquios, como los de muchas especies (no todas) del género *Aplysia*. Está inervada por el glanglio abdominal y probablemente es homóloga a la glándula hipobranquial de los estreptoneuros. Cuando el animal se siente atacado expele una tinta de color púrpura oscuro, que puede servir como una pantalla defensiva. Ver "Anaspidea"

glándula de BOHADSCH - Ver "glándula opalina.

glándula de la albúmina - glándula del aparato reproductor de los gasterópodos, situada en la parte más interna del oviducto. Su función consiste en producir secreciones nutritivas para el huevo recién fecundado, antes de que sea rodeado por las cubiertas que forman la cápsula.

glándula de la cápsula – glándula del aparato reproductor de los estreptoneuros, situada en la parte más externa del oviducto. Su función consiste en producir secreciones más o menos gelatinosas que forman la cápsula del huevo.

glándula digestiva – glándula asociada al estómago de los gasterópodos, en la que normalmente se realiza el proceso de digestión intracelular del alimento. En muchos opistobranquios es compacta, siendo generalmente el divertículo izquierdo mayor que el derecho. En otros, se ramifica, introduciéndose algunas de estas ramificaciones en los cerata.

glándula gamejtolítica - nombre que se aplica a la bolsa copulatriz de los gasterópodos atendiendo a una de sus funciones, la destrucción de los espermatodzoides sobrantes y en su caso del espermatóforo, tras el proceso reproductor.

glándula hermafrodita (=ovotestis) – nombre que se da a la gónada de los pulmonados.

glándula hipobranquial – área epidérmica muy glandularizada (impar o par) que tapiza el techo de la cavidad paleal de los gasterópodos, entre las branquias y el ano.

glándula mucosa – formación glandular del aparato reproductor de opistobranquios y pulmonados, cuya función es equivalente a la de la glándula de la cápsula de los estreptoneuros. Produce una secreción gelatinosa para fabricar la cápsula de los huevos. En algunos opistobranquios, cada cápsula puede contener hasta 50 ó 60 huevos, variando el número según las especies.

glándula nidamentaria - ver "glándula mucosa".

glándula opalina (también denominada glándula de BOHADSCH) – glándula que desemboca en el suelo de la cavidad paleal de algunos opistobranquios, como *Aplysia* o *Dolabella*. Cuando el animal recibe un estímulo nocivo muy fuerte, la glándula expele a la cavidad paleal un líquido blanco, de tipo mucoso, que sale al exterior. Su función no se conoce bien, indicando KANDEL (1979) que este líquido, cuando es inyectado es diversos animales (como cnidarios, moluscos, equinodermos o peces), produce convulsiones y parálisis, inhibiendo también la ingesta de alimento en cangrejos. Ver "Anaspidea".

glándulas multifidas – ver "glándulas vaginales".

glándulas vaginales – formaciones glandulares del aparato reproductor de algunos estilomatóforos, que a veces tienen forma de saco (como en *Elona*), pero que normalmente son digitiformes. Pueden ser simples, aisladas, o estar bifurcadas una o vás veces. Desembocan en número variable en la vagina, formando en ocasiones una corona a su alrededor o bien dos paquetes a ambos lados, a la altura de la base del saco del dardo (como en los helícidos).

helicicultura – actividad, normalmente de tipo comercial, dedicada a la cría y explotación de los gasterópodos terrestres (en su mayor parte, del género *Helix*). Está muy desarrollada en Francia e Italia, y se está iniciando en diversos lugares de España.

Helix – es el nombre del nivel genérico más conocido de los gasterópodos terrestres debido, por un lado, a que durante el siglo XVIII y buena parte del XIX se aplicaba a casi todos ellos, y por otro, a que sus especies están entre los caracoles terrestres más utilizados en gastronomía.

hepatopáncreas – nombre con que se ha denominado en ocasiones a la glándula digestiva de los gasterópodos y de otros moluscos. Este nombre no es correcto, ya que esta glándula no es homóloga ni del hígado ni del páncreas de los vertebrados.

heterostrofía – este término se refiere a las relaciones entre concha larvaria y teloconcha en los Allogastropoda, con un cambio en la dirección de su arrollamiento, causado por un reorientación del manto.

heterurétrico – uno de los tipos de riñón de los pulmonados estilomatóforos. El riñón es transversal, más ancho que largo, estando situado entre el pericardio y el recto, y está provisto de un uréter a lo largo de su borde frontal, que se dirige perpendicularmente hacia el recto y, cuando llega a su altura, se dispone paralelo a él, hasta su finalización en el orificio excretor.

Heterurethra – conjunto de estilomatófors caracterizado por poseer el riñón de tipo heterurétrico, alq ue se había asignado en algunas clasificaciones la categoría de Suborden, englobando a las familias Aillyidae y Succineidae.

hocico – prolongación musculizada, corta y móvil, pero no invaginable, de la cabeza de los gasterópodos, en cuyo extremo se sitúa la boca.

holópodos – grupo de pulmonados estilomatóforos, en los que el surco pedio normalmente es poco visible y se sitúa muy cerca del ángulo del pie. En ellos, la suela reptante del pie no está dividida en regiones por surcos longitudinales, por lo que las ondas locomotoras se extienden sobre toda su superficie, Ver "aulacópodos"

lapa – nombre vulgar de las especies del género *Patella* y de otras concha similar. El aspecto pateliforme de la concha no es utilizable para relacionar unos grupos con otros, ya que se ha producido múltiples veces en el proceso evolutivo, a partir de grupos no emparentados entre sí.

lígula – apéndice estimulador situado en la vagina o en el atrio del aparato reproductor de algunas babosas de la familia Arionidae (pulmonados estilomatóforos). En el género *Anadenus* este apéndice está tranformado en un órgano complejo, provisto de espinas, favoreciendo la adherencia entre los dos individuos durante el acomplamiento.

limacela - concha de algunas babosas (como las de las familias Limacidae o Milacidae), reducida a una pequeña placa de color blanco, que queda recubierta por el manto.

mandíbula - aparato bucal cuticularizado, típico de gasterópodos y de cefalópodos. En los gasterópodos puede ser par o impar, o incluso puede faltar. En los estreptoneuros y opistobranquios hay un par de mandíbulas laterales, que pueden estar modificadas en estiletes, como en la superfamilia Pyramidelloidea. En los Basommatophora hay una mandíbula superior y dos laterales y en los Stylommatophora una mandídula superior, que puede ser de cinco tipos: aulacognata, elasmognata, odontognata, oxignata y poliplacognata

masa visceral – parte del cuerpo de los gasterópodos que queda permanentemente contenida en la concha (el resto del cuerpo, es decir, la cabeza y el pie, son protrusibles a través de la abertura). En las formas desnudas (desprovistas de concha), como las babosas y los nudibranquios ("babosas marinas"), la masa visceral no está delimitada externamente con respecto al pie.

mesocono – cúspide relativamente grande, ocupando la posición central en los dientes de la rádula de los moluscos, siendo a veces la única cúspide existente en el diente.

mesogasterópodos (Mesogastropoda) – nombre utilizado en las clasificaciones antiguas para designar a uno de los grupos de los prosobranquios. Se puede considerar sinónimo de los Monotocardia Taenioglossa. En la clasificación actual están englobados en los Apogastrópoda.

mesopodio – región media del pie de los gasterópodos.

mesurétrico - uno de los dos tipos de riñón de los pulmonados estilomatóforos. El riñón carece de uréter, aunque es corto y, por tanto, no es orturétrico, abriéndose en la cavidad pulmonar y existiendo un surco ciliado (el surco uretérico) que comunica el orificio excretor con el pneumostoma. Este curco normalmente está bien delimitado a lo largo del riñón y del recto, por un repliegue nítido.

Mesurethra – conjunto de pulmonados estilomatóforos caracterizado por poseer el riñón de tipo mesurétrico. Se le había asignado en algunas clasificaciones la categoría taxonómica de Suborden y en otras la de Orden. En la clasificación de TILLIER quedan englobados en el suborden Brachynephra.

metapodio – región posterior del pie de los gasterópodos, que en los estreptoneuros adultos está provisto de un opérculo en su lado dorsal, para cerrar la abertura de la concha cuando el animal se retrae en ella. En algunos casos, como ocurre en la familia Harpidae (Muricoidea), el animal es capaz de autoamputarse la porción posterior del pie, que queda ondulándose violentamente para distraer al depredador atacante y permitir que el animal escape.

monáulico - tipo de aparato reproductor de los gasterópodos (como el basomatóforo *Siphonaria*), que está provisto de un único conducto para el tránsito de los gametos, tanto masculinos como los femeninos.

monofilético – conjunto de taxones en el que todos ellos descienden (=derivan) del más próximo antecesor común.

monotocárdico - nivel evolucionado de organización de los gasterópodos, en el que los órganos paleales del lado derecho, así como la aurícula derecha del corazón, de han atrofiado y desaparecido.

monotremado - aparato reproductor de los gasterópodos provisto de un solo orificio genital. Este tipo se encuentra en los dioicos (casi todos los estreptoneuros) y en muchos hermafroditas (como los Stylommatophora).

músculo columelar - músculo retractor del cuerpo de los gasterópodos, por el que el animal queda ligado a la concha en un o varios puntos. Primitivamente es par, normalmente con su rama derecha más grande que la izquierda, y a veces tiene forma de herradura.

nematocistos - cápsulas defensivas, normalmente urticantes, de los cnidarios (situadas en unas células especiales, los cnidocitos). Pueden ser ingeridas por los nudibranquios sin descargarse, siendo entonces trasportadas a través del digestivo a los cnidosacos de sus cerata.

nidamental - complejo glandular formado por la glándula de la albúmina y la glándula mucosa, que se encuentra en el aparato reproductor de los opistobranquios.

odontóforo - soporte de la rádula. Está formado por un tejido muy resistente, similar al catílago de los vertebrados, dispuesto en una sola pieza o en varios pares de ellas (hasta cinco en el género *Patella*), en el que se insertan los músculos protractores y retractores que provocan su movimiento.

odontognata - es uno de los tipos de mandíbula de los Stylommatophora (pulmonados terrestres). Está formada por una placa transversal con respecto al eje del animal, provista de costulaciones longitudinales.

oligogiro (=pauscispiral) **-** opérculo de gasterópodos con crecimiento en espiral y pocas espiras, como el de los géneros *Natica* y *Littorina*.

ombligo - orificio que se aprecia en la parte inferior de la última vuelta de espira de la concha de algunos gasterópodos, cuando la columela es hueca. En ocasiones puede quedar parcial o totalmente tapado por el peristoma.

ommatóforo - nombre que se da a cada uno de los tentáculos dorsales de la cabeza de un estilomatóforo, por estar provistos de un ojo en su extremo.

oodiáulico – uno de los subtipos del aparato reproductor diáulico de los gasterópodos, en el que hay un oviducto totalmente independiente para la evacuación de los huevos durante la puesta y además un gonoducto que tiene dos funciones: el traslado de los espermatozoides propios hasta el pene y la receptción de los espermatozoides del otro individuo durante el acoplamiento.

opérculo - placa córnea, o a veces calcificada, segregada por el metapodio del pie de los gasterópodos. Sirve para obturar la abertura de la concha una vez que la cabeza y el pie se han retraído en su interior. Se forma durante la ontogenia en todos los gasterópodos que pasan por una fase larvaria de vida libre, aunque luego puede perderse, tras la metamorfosis, como ocurre en las lapas, en las "orejas de mar" (*Haliotis*), en *Janthina*, en algunos heterópodos y en los cipréidos (dentro de los estreptoneuros) y en casi todos los opistobranquios. Crece con el organismo, alrededor de un núcleo que puede estar en posición central o ser excéntrico, pro secreción de sustancias en sus bordes. Generalmente forma líneas de crecimiento concéntricas (como en el género *Viviparus*) o espirales, que es el caso más frecuente, en sentido contrario al de la concha, pudiendo ser entonces poligiro (multiespiral) u oligogiro (paucispiral). En su cara interna, que puede estar provista de una ovarias apófisis, se inserta un fascículo del músculo columelar. En el pulmonado zonitoideo *Thyrophorella* hay un opérculo especial, que no es segregado por el pie, sino por el manto; en este caracol, la parte superior del peristoma de la concha está muy dilatada y articulada por una especie de charnela, pudiendo abatirse sobre la abertura y cerrarla cuando el animal se retrae en su concha.

órgano corniforme - órgano estimulador protrusible, situado en el atrio del aparato reproductor de las babosas del género *Milax*.

órgano de HANCOCK – órgano sensorial par, quimiorreceptor, situado a ambos lados del cuerpo, entre el escudo cefálico y el pie de los opistobranquios primitivos (como *Bulla, Scaphander*, etc.). Normalmente se distingue con facilidad, por su color amarillo o anaranjado. Está formado por una sucesión de pliegues epidérmicos paralelos entre sí y a veces es bipectinado. En los opistobranquios sin escudo cefálico no existe este órgano, y su función es realizada por los rinóforos.

órgano de LACAZE - nombre que se da al osfradio en algunos pulmonados Basommatophora (Acroloxoidea, Lymnaeoidea, Physoidea y Planorboidea), en los que se sitúa en el lado externo del pneumostoma.

órgano de SPENGEL – nombre dado al osfradio en honor al estudio que este autor realizó sobre él a finales del siglo XIX.

órgano frontal - órgano sexual accesorio, situado en la cabeza de algunas especies del género *Gymnarion* (estilomatóforo Helicarionidae). Puede retraerse completamente, e interviene en las fases preliminares del acoplamiento. Su desarrollo completo coincide con el del aparato reproductor, y está formado normalmente por 12 lóbulos petaloideos dispuestos en parejas, estando cada uno de ellos provisto de un gancho en su borde libre.

ógano perforador - órgano accesorio situado en el extremo de la probóscide de los Naticoidea (como *Natica*) y en la suela pedia de los Muricoidea (como *Urosalpinx*) siendo ambos órganos análogos. Con su secreción ácida (el de *Urosalpinx* segrega, entre otro componentes, ácido hidroclórico) ayudan a la rádula a perforar la concha de sus presas (fundamentalmente bivalvos). Para más información sobre este tipo de depredación, consultar el trabajo de KABAT (1990).

órgano subradular - órgano quimiorreceptor situado en la cavidad bucal, inmediatamente debajo del saco radular, que sólo se encuentra en los gasterópodos más primitivos (Docoglossa). También está presente en otros coluscos, como los poliplacóforos y los monoplacóforos.

orla pedia - borde del pie delimitado por el surco pedio; en algunas babosas, como los ariónidos, está muy bien definida y diferenciada del resto del cuerpo.

Orthurethra – suborden de los pulmonados estilomatóforos. Está caracterizado por poseer el riñón de tipo orturétrico.

orturétrico – tipo de riñón de los pulmonados estilomatóforos Orthurethra. El riñón está situado paralelo al intestino posterior, entre él y el corazón, y normalmente es muy largo; carece de uréter y va adelgazando hacia su extremo anterior (es decir, hacia el pneumostoma). El orificio excretor no es apical y no está abierto hacia el pneumostoma, sino que se abre en sus proximidades, en la cavidad pulmonar.

osfradio –órgano sensorial quimiorreceptor de los gasterópodos, que analiza la corriente de agua que penetra en la cavidad paleal, siendo su misión principal localizar el alimento. Normalmente hay uno por branquia y está formado por un cordón longitudinal de células epidérmicas, dispuesto paralelamente al eje del ctenidio, en el trayecto de las corrientes respiratorias inhalantes.

ovoespermiducto - porción del aparato reproductor de los pulmonados estilomatóforos que parte de la encrucijada y en la que el oviducto y el espermiducto no están totalmente independizados uno del otro, quedando, por tanto, intercomunicadas las vías masculina y femenina. En esta zona, las paredes de ambos conductos están glandularizadas, formando la glándula mucosa en la zona oviductal y la próstata en la zona espermiductal.

ovotestis (=glándula hermafrodita) - nombre que se aplica a la gónada de los pulmonadas.

oxignata - es uno de los tipos de mandíbula de los Stylommatophora (pulmonados). Está formada por un aplaca transversal con respecto al eje del animal, acuminada en el centro de su borde libre.

palatal (abertura) – lado externo de la abertura de la concha de los gasterópodos (el más alejado de la columela).

parafilético – conjunto de taxones que comparten cacateres plesiomorfos. Un taxón parafilético queda definido como "un taxón monofilético (sensu lato) que no incluye a todos los descendientes del último antecesor común".

parapodios (=lóbulos parapodiales) – salientes laterales del borde ventral del pied de los gasterópoods, que en algunos opistobranquios (como en los géneros *Clione*, *Gastropteron*, *Akera* y *Aplysia*) son utilizados para la natación.

parietal (abertura)– lado superior de la abertura de la concha de los gasterópodos (el más cercano al ápice).

paucispiral (=oligogiro) – opérculo de gasterópodos con crecimiento en espiral (con pocas vueltas de espira) y con el núcleo normalmente en posición central, como el del género *Littorina*.

periostraco – capa externa de la concha de los moluscos, compuesta por conquiolina y segregada por el surco externo del borde del manto. A ella se debe, al menos en parte , el color de la concha (en muchos gasterópodos también está pigmentado el material calcáreo de la concha). Su misión principal es la de proteger a las capas calcáreas internas. En muchos gasterópodos marinos es muy fina y en algunos puede faltar.

peristoma – borde de la concha de os gasterópodos, alrededor de la abertura, que puede estar engrosado o plegado hacia el exterior (=reflejado).

pie – órgano ventral musculoso de los gasterópodos, fundamentalmente locomotor. Normalmente tiene forma de suela reptante, aunque en algunos opistobranquios, como en el género *Clione*, la suela ha degenerado, quedando sólo vestigios de ella. En estos animales el pie está representado, entonces, por dos parapodios expandidos, que actúan como aletas natatorias.

plesiomorfo – término utilizado por los sistemáticos cladistas para señalar a un carácter homólogo ancestral y diferenciarlo de uno derivado (=apomorfo). Para más información, ver "apomorfo".

plicatidio – branquia plegada, típica de los eutineuros acuáticos, que desaparecen en algunos opistobranquios y en los terrestres. Para unos autores deriva del ctenidio de los estreptoneuros, mientras que otros consideran que ambas branquias no son homólogas, aunque están situadas en la misma posición e inervadas de la misma manera. Pero estos autores indican que el plicatidio deriva de ciegos paleales y tiene diferente estructura, estando formado por un pliegue, plegado a su vez, o bien por varios pliegues simples, que en ningún caso están ciliados, encargándose del movimiento del agua un par de tractos ciliados del manto, que están próximos a ellos.

pneumostoma - orificio de comunicación de la cavidad paleal de los pulmonados (transformada en saco pulmonar) con el exterior. Sus paredes son contráctiles, por lo que puede abrirse y cerrarse para regular el flujo de aire. En él o en sus proximidades se sitúa el ano y en los pulmonados terrestres generalmente también el orificio excretor.

polifilético - conjunto de taxones agrupados en base a caracteres convergentes (análogos en lugar de homólogos), que no implican la existencia de parentesco entre ellos.

poligiro (=multiespiral) – opérculo de gasterópodos con crecimiento en espiral y muchas espiras, como el del género *Gibbula*.

poliplacognata - es uno de los tipos de mandíbula de los Stylommatophora (pulmonados), que está formada por placas aisladas.

probóscide - prolongación del hocico de los gasterópodos, que puede ser totalmente invaginable (acroembólica) o bien sólo parcialmente (pleuroembólica). En algunos, sobre todo en las especies depredadoras, necrófagas o parásitas, puede llegar a ser muy larga.

propodio - región anterior del pie de los gasterópodos. Cuando está bien diferenciado, como en el género *Natica*, es utilizado para excavar y enterrarse en el sedimento.

prosobranquios (Prosobranchia) – antiguo nombre de los gasterópodos estreptoneuros, que refleja la característica anatómica de tener las branquias situadas (dentro de la cavidad paleal) en posición anterior.

protoconcha – concha embrionaria y larvaria.

ptenoglosa – rádula típica de Janthinoidea (estreptoneuro). Carece de diente central y tiene en cada fila varios dientes, con aspecto pectiniforme; todos son del mismo tipo (con forma de gancho), aumentando de tamaño hacia la periferia.

pterópodos - grupo (no monofilético) de opistobranquios pelágicos, formado por dos órdenes de tectibranquios: Gymnosomata y Thecosomata. Para otros grupos de gasterópodos pelágicos, ver "Carinarioidea".

pulmonados (Pulmonata) – superorden de los aeropneustos (eutineuros), con la cavidad del manto transformada en un pulmón que comunica con el exterior a través del pneumostoma.

quiastoneuria - cruzamiento entre los conectivos nerviosos pleuro-parietales de los gasterópdos, producido por el fenómeno de la torsión de la masa visceral.

rádula – aparato situado en reposo en un divertículo de la cavidad bucal de los moluscos (el saco radular), que está encargado de reducir el alimento a pequeñas partículas que pasan luego al esófago. Se halla sustentada en un soporte, el odontóforo, y está formada por una cinta o lámina quitinosa, en la que generalmente se sitúan numerosas filas de pequeños dientes (en la especie *Helix aspersa* MÜLLER la rádula puede tener más de 10,000 dientes, y en el opistobranquio *Umbrella* el número de dientes puede llegar a 750,000). Las filas de dientes se van desgastando hacia el extremo externo de la rádula y a la vez se van formando nuevas filas en el extremo interno. En cada fila hay un diente central (el raquidio) y a ambos lados se dispone un número variable de dientes laterales y marginales, normalmente diferenciables entre sí por su morfología. En los estreptoneuros, la rádula tiene gran valor taxonómico, habiéndose descrito los siguientes tipos principales: docoglosa, histricoglosa, nematoglosa, ptenoglosa, raquiglosa, ripidoglosa, tenioglosa y toxoglosa.

raquidio - diente central de una fila cualquiera de dientes de la rádula de los moluscos.

receptáculo seminal – es una pequeña bolsa situada en la parte interna del oviducto paleal de los gasterópodos, en cuyas proximidades se produce la fecundación.

ripidoglosa - es uno de los tipos de rádula de los estreptoneuros. Está caracterizada por la presencia en cada fila de gran número de dientes marginales, que decrecen gradualmente de tamaño hacia el borde radular. Estos dientes son fácilmente diferenciables de los laterales, que están en número aproximado de cinco a cada lado del central y tienen las puntas recurvadas hacia el interior de la cavidad bucal; estas puntas pueden ser lisas o denticuladas y uno o dos de estos dientes pueden ser más largo que el resto. Es relativamente frecuente en los gasterópodos primitivos encontrándose, entre otros, en fisurélidos, haliótidos, tróquidos, turbínidos, nerítidos y helicínidos.

saco del dardo - también llamado estilóforo, es una bolsa de paredes gruesas y musculosas que se abre en el atrio o en la vagina del aparato reproductor de algunos pulmonados estilomatóforos. Normalmente alberga en su interior un dardo calcáreo, que se utiliza para estimular al otro individuo para el acoplamiento. Puede haber uno sólo, varios o ninguno, según las especies.

sarcobelum - órgano estimulador del pene del género *Deroceras* (pulmonado), formado por una papila conoidea con el ápice curvado.

semidiáulico – tipo de aparato reproductor de los gasterópodos, que está provisto de dos conductos para el tránsito de los gametos, pero ambos conductos están incompletamente separados (se mantienen unidos en la parte inicial de su trayecto, es decir, en la más cercana a la glándula de la albúmina). Se encuentra en muchos pulmonados (como el basomatóforo *Gadinia* y muchos estilomatóforos).

sifón - tubo respiratorio inhalante, formado por la prolongación del manto en muchos estreptoneuros, que se encuentra generalmente en los depredadores y carroñeros.

sifonóstoma – tipo de concha de los gasterópodos provista de canal sifonal.

simplesiomorfía - ver "apomorfo".

sinapomorfía - ver "apomorfo".

Stylommatophora – orden de los Pulmonata (eutineuros). Son terrestres. Tienen un número variable de cromosomas (n=20-34, excepto en Succineidae, con n=5-22). La cabeza está provista típicamente de dos pares de tentáculos invaginables, llevando los dorsales (ommatóforos) un ojo en su extremo. La concha, normalmente bien desarrollada, está arrollada en espiral. A veces está parcial o totalmente envuelta por el manto, o puede quedar representada únicamennte por unos pequeños gránulos calcáreos, como en los ariónidos. No hay opérculo y la cavidad paleal está transformada en una cavidad pulmonar. Son hermafroditas, teniendo un único orificio genital, que es común para los dos sexos. Son ovíparos u ovovivíparos y no tienen fase velígera. Se conocen más de 20,000 especies.

surco pedio – surco que marca el límite entre el tegumento liso de la suela reptante y las paredes laterales del pie, provistas de tubérculos, en los pulmonados estilomatóforos.

surco suprapedio – surco situado en el tegumento lateral del pie, paralelo al surco pedio y situado por encima de el.

sutura – línea de unión de una vuelta de espira de la concha de un gasterópodo con la anterior o la siguiente.

Systellommatophora – grupo establecido por Pilsbry para la peculiar familia Veronicellidae; ver "Gymnomorpha".

talón – conjunto formado por el receptáculo seminal y la bolsa de fertilización, que está situada en la zona de la encrucijada del aparato reproductor de los estilomatóforos, en la superficie del lado interno de la glándula de la albúmina.

teloconcha - término utilizado para denominar a la concha de los gasterópodos, con excepción de la protoconcha. Equivale a la concha postlarvaria.

tenioglosa - es el tipo más común de rádula dentro de los estrepatoneuros. En cada fila hay siete dientes (a cada lado del central, tres laterales, o uno lateral y dos marginales), estando cada uno de ellos normalmente denticulado y curvado hacia el interior de la cavidad bucal.

testáceo - nombre aplicado a los gasterópodos provistos de concha visible, en contraposición al de babosa.

tiflosol - saliente longitudinal interior de un conducto que lo divide más o menos parcialmente en dos.

torsión de la masa visceral - proceso larvario que ocurre en la fase velígera de los gasterópodos, por medio del cual la masa visceral sufre una rotación de 180° en sentido contrario al de las agujas del reloj sobre el conjunto formado por la cabeza y el pie.

toxoglosa - en uno de los tres tipos de rádula presentes en los Stenoglossa (estreptoneuros), típica de los Conoidea. Los dientes, que aparentemente corresponden a los marginales, están irregularmente dispuestos en dos filas y unidos a la membrana radular por un ligamento largo. Son tubulares, huecos, largos y acanalados, con forma de arpón y sólo uno es funcional en cada momento; éste se sitúa en la probóscide (que se puede evaginar con rapidez y alcanzar gran longitud), con el extremo puntiagudo dirigido hacia fuera, y se llena de un líquido muy tóxico procedente de una glándula venenosa, que se inyecta en la presa al clavarse en ella. Los dientes perdidos son reemplazados por otros.

triáulico - tipo de aparato reproductor de los gasterópodos, que está provisto de tres conductos para el paso de los gametos: un conducto deferente para la evacuación de los espermatozoides propios, un oviducto para la evacuación de los huevos durante la puesta y un tercer conducto, el coducto vaginal, destinado a la recepción durante el acoplamiento de los espermatozoides del otro individuo.

vaina del pene - es típica de opistobranquios y pulmonados basomatóforos, en los que se denomina prepucio. Es una invaginación ectodérmica, formando una bolsa, en la que queda alojado el pene cuando está retraído. En los estilomatóforos también recibe este nombre la envuelta más o menos musculosa que envuelve al pene en algunos grupos (como, por ejemplo, en los Elonidae y algunos Hygromiidae y Helicidae).

velígera - fase larvaria típica de los gasterópodos marinos, que está provista de un órgano ciliado nadador lobulado, el velo, derivado de la banda ciliada (prototroca) de la fase trocoforiana, Posee un esbozo del pie y de una pequeña concha, en la que se pueden retraer el velo y la cabeza. Se alimenta de diatomeas y de pequeñas partículas del plancton, que son capturadas y llevadas a la boca por las corrientes provocada por los cilios del velo.

PROTOCOLO PARA LA DESCRIPCIÓN DE ESPECIES
(Dibujos de varios autores pero principalmente de ALONSO & IBAÑEZ, 1993)

Taxon: _____   Fecha: _____
Col: _____   UCACM: _____

Localidad:

_____

I.   PROTOCONCHA:

1. Color: _____,

2. Escultura: _____,

3. Vueltas: _____.

II. **CONCHA:** 1. **Forma cualitativa:** _ cónica
(*Turbo*), _ alargada cónica (a) (*Pachychilus*),
_ obcónica (*Conus*), _ bicónica (*Melampus*), _
alargada-cilíndrica (b) (*Euglandina*),
_ cilíndrica (urocoptiforme), _ globosa (c)
(*Pomacea*), _ discoidal (e) (Planorbidae) ,
_ convoluta (*Cypraea*), _ advoluta (*Haliotis*), _
involuta (*Bulla*), _ devoluta ( ),
_ fusiforme (*Fusinus*), _ heliciforme (d)
(*Helicina*), _ depresa (*Thysanophora, Polygyra*),
_ pateliforme (*Diodora*), _ panaliforme (*Pupa*), _ helicoidal (*Neritina*),
_ decolada (*Rumina*), _ bulimoide (*Bulimulus*), _ succineiforme (*Succinea*), _ pupiliforme (Pupilidae), _
ceritiforme (*Cerithium*), _ turriteliforme o turriculada (*Turritela*).

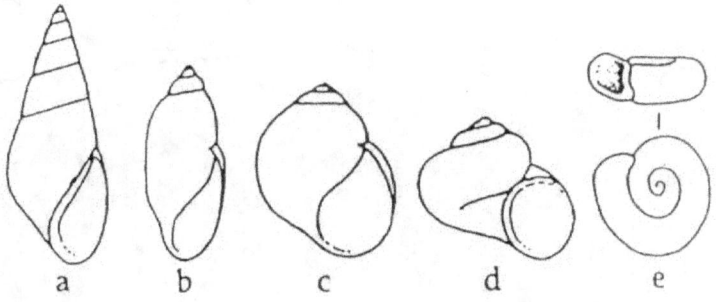

2. **Forma general**: A. Variable ____, B. Homogénea ____.

3. **Proporción espira/ espira del cuerpo** _____

_____

4. **Color de fondo**: _____,

5. **Presencia de bandas**: _ sí, _ no. A. Disposición: _ vertical, _ horizontal. B. Cantidad aproximada por vuelta__. C. Color de las bandas: _____.

6. **Tipo de concha**: _ translúcida, _ opaca.

7. **Dimensiones** (mm): A. longitud (altura máxima) _____, B. diámetro (ancho): _____.

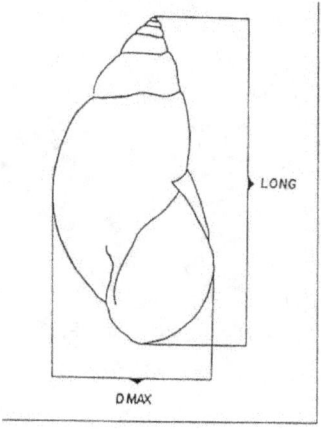

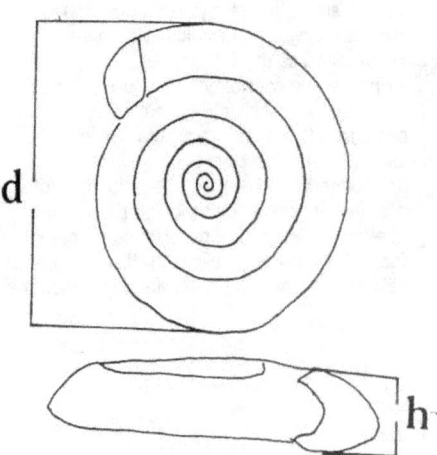

8. **Escultura**: _ líneas o estrías transversales o de crecimiento, _ espinas, _ nódulos, _ maleaciones, _ arruga, _ carina, _ liras, _ costillas, _ líneas o estrías espirales incisas, _ líneas o estrías espirales elevadas, _ costillas, _ hoyitos.

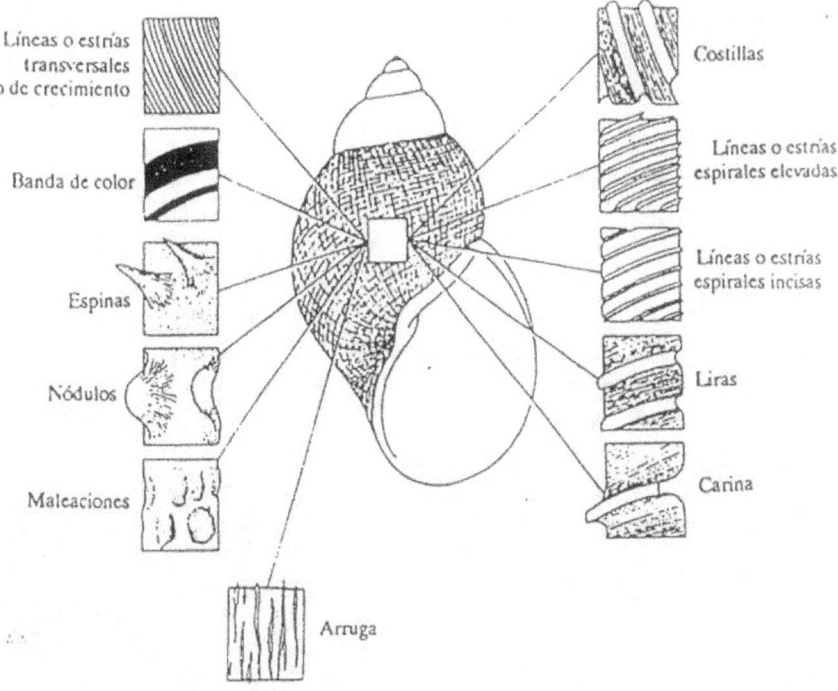

9. **Sutura**: _ profunda, _ leve. 10. **Presencia de quilla**: _ sí, _ no.

11. **Apice**: _____. 12. **Vueltas**: A. forma _____,
B. número _____. 11. **Crecimiento**: __ rápido, __ estándar, __ lento.

13. **Perforada**: _ sí, _ no. Umbilicada: _ sí, _ no.

III. BOCA (ABERTURA): 1. **Forma cualitativa**:

_ ampliamente aovada (a), _ estrecha (b),
_ rectangular (c), _ elongadamente aovada (d),
_semicircular (e), _ en forma de D (f), _ redonda
(g), _ lunada (h), _ fusiforme (i).

2. **Dimensiones** (mm): A. longitud (altura
máxima) _____, B. diámetro (ancho): _____.

3. **Estructuras bucales**: _ sí, _ no. A. palatales _,

B. parietales _, C. basales _.
Comentarios:_____
_____
_____
_____.

4. **Posición**: __deflecta, __paralela.

IV. **PERISTOMA**. A. Engrosado: ___si, ___ no.

B. Reflejado: ___ si, ___ no.

V. **COLUMELA**: ___ entera, ___ truncada.

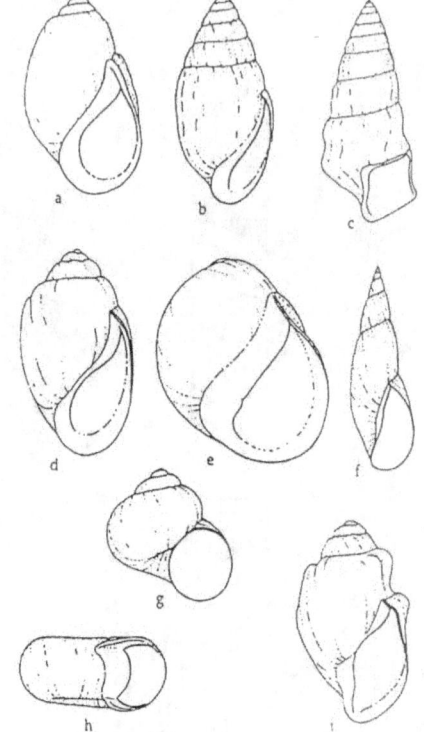

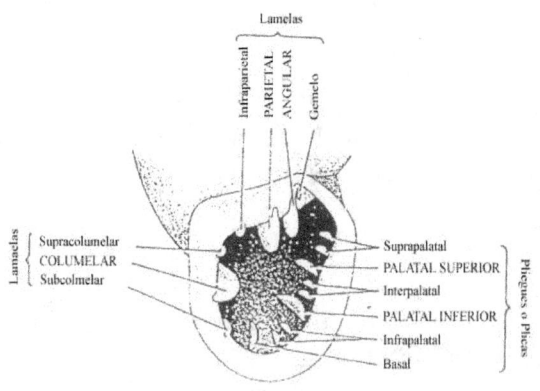

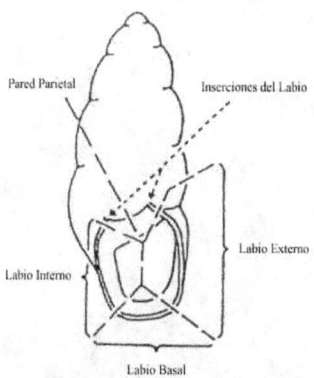

VI. **OPERCULO**: _ paucispiral (j) _ multispiral (k), _ concéntrico (l, m).

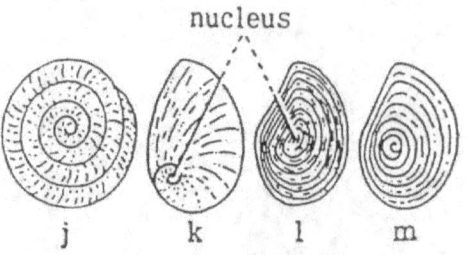

nucleus

j   k   l   m

VII. MANDIBULA: _ sí, _ no. **Número de placas:** _____.

Descripción: _____.

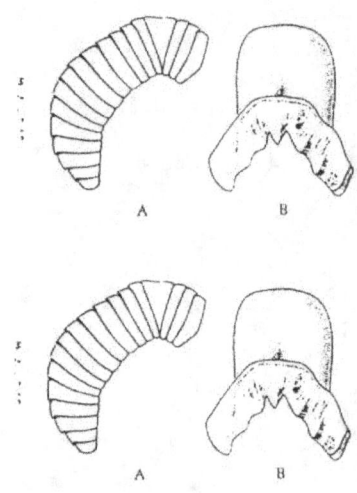

A   B

A   B

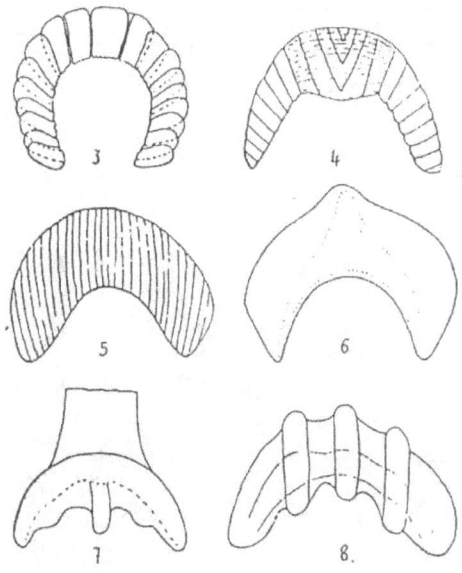

Tipos de mandíbulas según FISCHER (1883) y GERMAIN (1969).

Estenognata (Stenognathe) (A): superficie finamente plegada con pliegues imbricados (*Punctum pigmaeum*), paralelos u oblicuos con relación al eje (*Bulimulus*).

Goniognata (Goniognathe) (4): pliegues imbricados, muy grandes pareciendo poco aislados, poco adherentes, una pieza triangular central (*Orthalicus*).

Aulacognta (Aulacognathe) (5): superficie finamente surcada; borde no dentado (*Eucalodium*). En este tipo existe a menudo una porción superior reflejada y arqueada.

Oxignata (Oxygnathe) (6): superficie lisa o finamente estriada; borde inferior prominente en el centro, también llamado "rostro" (*Zonites, Limax*), aunque algunos *Zonites* muestran una muesca en lugar del rostro.

Elasmognata (Elasmognathe) (7, B): superficie lisa o estriada: una placa ancha cuadrangular ubicada debajo del borde superior (Succineidae, Athoracophoridae).

Odontognata (Odontognathe) (8): superficie con costillas muy marcadas (*Cepaea nemoralis, Achatina, Eremina*).

277

VIII. **RADULA**: A. dientes centrales __, cúspides _. Comentarios:
_____.

B. dientes laterales __, cúspides _. Comentarios: _____.
C.dientes   marginales   __,   cúspides   _   Comentarios:
_____

XI. GENITALES:

A. Variables ____,

B.Homogéneos ____.

2.Pene (p):
_____
_____
_____

3.Epifalo(ep):
_____
_____
_____

4.Flagelo(f):
_____
_____
_____

5. **Proporción parte masculina/ femenina**
_____
_____
_____

6.Vagina(v):
_____
_____.

7. **Próstata (pr):** _____.

8. **Espermoviducto (eo):** _____.

9. **Conducto espermático (ce):** _____.

10. **Glándulas mucosas (gm)** ____, forma: _____.

11. **Saco del dardo (d)** ____.

12. **Bolsa copulatriz (bc):**

1.Ramificada: __ sí, __ no. 2. Forma: _____
_____

REGION
DISTAL

bc   eo
          pr   f
cbc   cd
dv   ol   ep
    cc
  sa   p
d   v   mrp
sd   pp   app
REGIÓN   a
PROXIMAL   apa
          og

13. **Conducto común (cc):** _____.

14. **Talón (t):** _____.

15. **Glándula del albumen (ga):** _____.

16. **Vesícula seminal (v se):** _____.

17. **Conducto hermafrodita (c he):** _____.

18. **Ovotestis (ov):** _____.

19. **Otros:** _____
_____.

X. **ANIMAL:** 1. Color en vida: _____.

2. Presencia de bandas: _ sí, _ no, Color: _____,
Posición: _ vertical, _ horizontal.   3. Epidermis: _ reticulada, _ lisa.
Otros: _____.

4. Otras estructuras: _____
_____.